우리 집엔
아무것도 없어 2

유루리 마이 지음 | 정은지 옮김

북앳북스

わたしのウチには、なんにもない。2 なくても暮らしていけるんです
WATASI NO UCHI NIWA, NANNIMO NAI.
-NAKUTEMO KURASITE IKERUNDESU.
ⓒ 2013 Mai Yururi
All Rights Reserved.
First published in Japan in 2013 by KADOKAWA CORPORATION ENTERBRAIN
Korean translation rights arranged with KADOKAWA CORPORATION ENTERBRAIN
through Shinwon Agency Co.

우리 집엔 아무것도 없어 2
— 버리기 마녀의 심플라이프

초 판 1쇄 발행 2015년 4월 15일
초 판 9쇄 발행 2020년 11월 9일

지은이 ┃ 유루리 마이
옮긴이 ┃ 정은지
발행인 ┃ 강봉자 · 김은경

펴낸곳 ┃ (주)문학수첩
주 소 ┃ 경기도 파주시 문발로 214-12(문발동 511-2) 출판문화단지
전 화 ┃ 031) 955-4445(대표번호), 031) 955-4453(편집부)
팩 스 ┃ 031) 955-4455
등 록 ┃ 1991년 11월 27일 제16-482호

홈페이지 ┃ www.moonhak.co.kr
블로그 ┃ blog.naver.com/moonhak91
이메일 ┃ moonhak@moonhak.co.kr

ISBN 978-89-8392-576-3 17590
     978-89-8392-577-0 (세트)

•이 도서의 국립중앙도서관 출판예정도서목록(CIP)은
서지정보유통지원시스템 홈페이지(http://seoji.nl.go.kr)와
국가자료공동목록시스템(http://www.nl.go.kr/kolisnet)에서
이용하실 수 있습니다.(CIP제어번호: CIP2015009691)

• 북앳북스는 (주)문학수첩의 경제 · 경영 · 실용 브랜드입니다.
• 파본은 구매처에서 바꾸어 드립니다.

설~~~렁

버리는 기술,
정리의 규칙을 알려줘!

아무것도 없는
텅 빈 공간이
가장 아름답다고
생각하게 되었다.

짐 더미와 자란
기억이
트라우마가 되어
버리기 병에 걸린
나.

하지만

맞아,
병적이긴
해…

쓰레기

괜찮아?
어디 아픈
거 아냐?

어느
정도는
가지고
있어야지

왜 못
버려서
안달이
야?

사람들이
비난해도

무거운 짐 →

가볍게 살고 싶다.

많은 것을
갖고 있으면
몸이 무거워지는
느낌에 괴롭다.

4

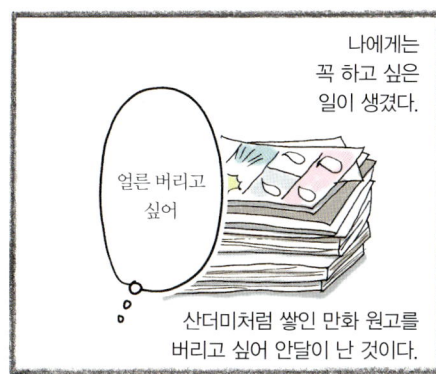

나에게는 꼭 하고 싶은 일이 생겼다.

얼른 버리고 싶어

산더미처럼 쌓인 만화 원고를 버리고 싶어 안달이 난 것이다.

《우리 집엔 아무것도 없어 1》을 완성한 후에

우와!! 다 끝났어!!

그래서 편집자에게 들고 갔다.

네? 필요하냐니 그게 무슨 말씀인지?

저… 1권에서 사용한 원고가 또 필요할 일이 있을까요?

버리지 못하는 대표선수 편집자 O씨
←

혹시 모르니 편집자에게 확인해 보자…

그래도 나중에 필요하지 않을까…

흠… 그렇군요

데이터야 저희도 가지고 있습니다만…

아뇨, 별로…

기념으로 보관한다 든가?

아무튼 빨리 버리고 싶어요

들썩 들썩

네?!

책 나왔으니 빨리 버리고 싶은데…

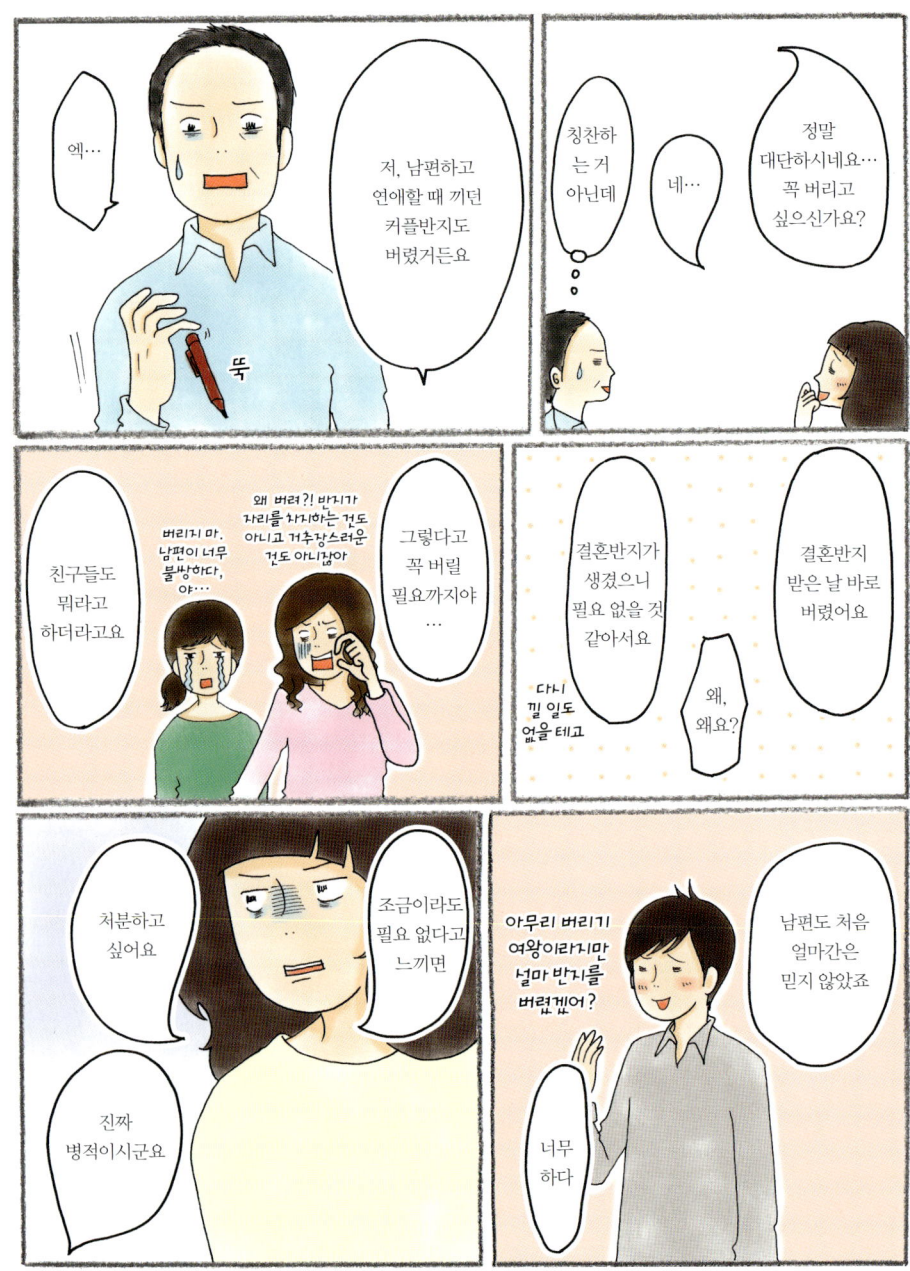

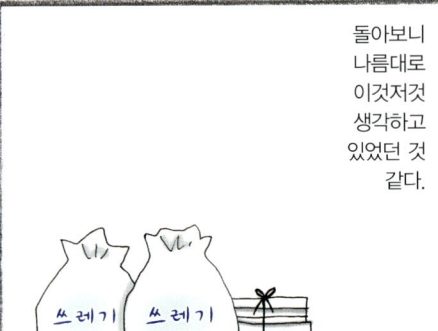

돌아보니 나름대로 이것저것 생각하고 있었던 것 같다.

쓰레기 쓰레기

필요하다 필요없다 필요없다 필요하다

이제 버리는 게 익숙해져서 거의 직감적으로 버릴지 말지를 판단하고 있다고 생각했는데

o 결심하는 방법

o 질려서 잘 사용하지 않게 된 물건은 숨기거나 손질하기

o 불편을 즐기는 수납법

o 가족과 함께할 수 있는 일

이번 권에서는 버리기 비법이나 정리의 규칙 등에 대해 소개하고자 합니다.

등등...

그런 일은 없을 테니 걱정 마세요

이걸 읽으면 모두 나처럼 버리기 마녀가 될지도 몰라요!

흐흐흐

* 다음 이야기는 14페이지부터 계속됩니다. 함께 즐겨주세요!

우리 집엔
아무것도 없어 2
─버리기 마녀의 심플라이프

유루리 마이 지음 | 정은지 옮김

북앳북스

들어가며

안녕하세요?

버리기 마녀, 유루리 마이입니다.

《우리 집엔 아무것도 없어》 2권이 드디어 발간되었습니다. 놀라울 따름이지요.

1권에서는 산더미 같은 물건에 치이며 자란 제가 어쩌다 버리기 마녀가 되고 '아무것도 없는' 공간을 추구하게 되었는지 그 과정에 대해 그려보았습니다.

2권에서는 '그렇게 되려면 구체적으로 어떻게 해야 하는지'에 대해 말하려고 합니다.

저는 어디까지나 버리기 '마녀'라는 별명이 붙을 정도로 버리기 마니아입니다.

직감에 의지해(이렇게 말하니 엄청 멋있어 보이네요) 본능이 움직이는 대로 버리기를 즐기는 인간입니다. 그런 제가 평상시 하는 일들이 여러분에게 과연 도움이 될까 걱정이 되어 불안해서 잠도 오지 않습니다.

참고가 되지 않는다면 죄송합니다. 그러니 "흠…… 이 버리기 마녀는 이렇게 어이없는 일상을 보내는구만" 하는 정도의 가벼운 마음으로 읽어주시길 바랍니다.

1권을 다 읽은 후에, "쓰레기봉투로 몇 개나 버렸는지 몰라요!"라는 메시지를 많이 받았습니다. 저는 너무 기뻐서 흥분한 나머지 쓰레기봉투 열 개 정도야 아무것도 아니지 하는 마음으로 또 버렸습니다. '아무것도 없는' 감각은 감염되기 쉬운 증상이라는 것을 깨달으면서 말이죠.

'아무것도 없는 공간'을 추구하는 저도 예쁘고 멋있는 물건을 보면 욕심이 생겨서 어느새 살림살이가 늘어 있곤 합니다. 아무것도 없이 하루하루 살기란 쉬운 일이 아니라는 것을 매일 실감합니다.

하지만 포기하고 싶지 않습니다. 아무것도 없는 공간 너머에서 청명하고 상쾌한 세상이 나를 기다리고 있는 듯한 기분이 듭니다.

이번에도 "이렇게나 많이 버렸어요!" 하는 환호성(?)이 여기저기서 들려오길 바랍니다.

차 례

- - - -

들어가며 · 11

없어도 사는 데 아무 지장 없답니다

제1화 버리기 결심은 이렇게! · 14

제2화 물건은 무조건 다용도로! · 22

제3화 권태기가 온 물건은 '감추기' 혹은 '손질하기' · 30

제4화 추억의 물건은 어떻게 하나? · 36

제5화 더 버리고 싶다! 그럴 때는… ~한계점을 넘고 넘어~ · 44

column 그래도 버리지 못한 물건들 ~모순되는 두 가지 마음~ · 50

주부의 무기, 가사의 숨은 비법이 여기에!

제6화 계절에 따라 달라지는 버리기 사정 · 54

제7화 스위치 전환 습관 · 60

제8화 수납 기술 '서랍 안도 깔끔하게'를 추구하는 이유 · 66

제9화 불편함을 즐기는 생활 · 72

제10화 방재용품 업그레이드 · 78

column 청소 노이로제 해소법 ~나도 싫을 때가 있습니다~ · 84

가족과 함께 할 수 있는 일

제11화 거부반응이 없어질 때 · 88

제12화 정리정돈에 협조해주는 가족 · 96

제13화 청소는 마음을 갈고 닦는 수련!? · 104

column 가족의 허용 범위
      ~아무것도 없는 생활은 하루아침에 이루어지지 않는다~ · 110

부록 〈아무것도 없는 블로그〉 마이 씨의 정리 정돈 기술 · 113

없어도 사는 데
아무 지장 없답니다

제 **1** 화
버리기 결심은 이렇게!

❶
'지금'의
나에게 꼭
필요한지
묻는다.

내가 살림을
줄이고자 했을 때
생각했던 것은

나는 왜 이걸
가지고
있었을까?

지금!

과거도 미래도
아닌, 현재
나에게 묻는
것이다.

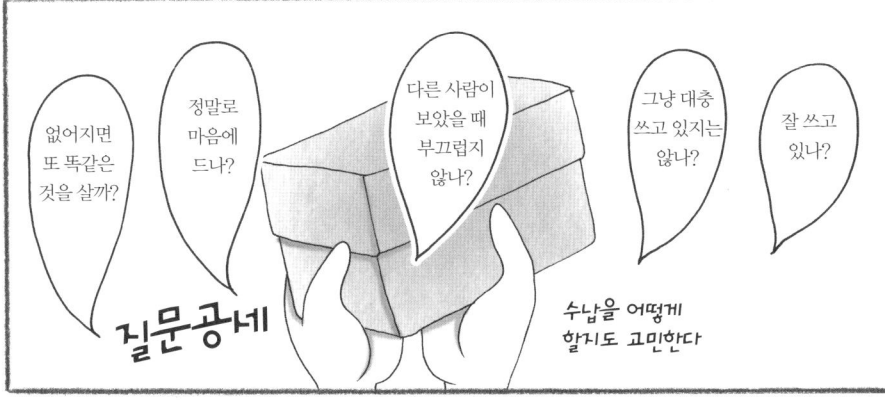

없어지면
또 똑같은
것을 살까?

정말로
마음에
드나?

다른 사람이
보았을 때
부끄럽지
않나?

그냥 대충
쓰고 있지는
않나?

잘 쓰고
있나?

질문공세

수납을 어떻게
할지도 고민한다

14

그런 옷은 어쨌건 불만이 있던 옷이기 때문에 해를 넘겨 또 입는 일은 없다. 그래서 요즘에는 미련 없이 버린다.

입기 힘들다

어울리지 않는다

마음에 안 드는 부분이 있다

아깝다, 아직 더 쓸 수 있지 않을까?

사거나 받은 물건 중에 잘 쓰지 않는 물건을 버릴 때 아깝다는 생각이 들 때가 있다.

❷ '아깝다'는 걸 핑계로 대지 않는다.

하지만 그런 생각이 들었다면 제대로 써야 한다. 쓰지 않으면 의미가 없다.

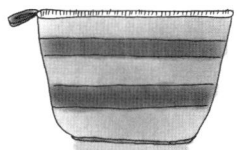

신경 쓰지 않으면 점점 두툼해지는 파우치

16

안 써서 결국 자리만 차지하지…

아깝다고 놔두고는

옛날에 살던 집도 '아깝다'는 이유로 버리지 못한 잡동사니의 산에 파묻혀 있었다.

쓰지 못했을까?

어째다가

그래도 역시 버리는 게 썩 유쾌한 일만은 아니므로 왜 처분할 처지에 놓였는지 반성한다.

그것은 지금 내 생활에 필요하지 않은 것이다.

미안!

버리기 전에 쓸 방도를 찾아보고 그래도 없으면

나의 경우

○ 내가 정말 원하던 걸 사지 못해 적당히 타협해서 산 건

○ 유행하는 건

○ 깊이 생각하지 않고 충동구매한 건

○ 세트를 만들려고 사 모은 건

이런 건, 결국 필요 없게 된다‥

그리고 다음에는 같은 실수를 반복하지 않도록 노력한다.

집 안을 둘러보면 의외로 불필요한 물건이 당연한 것처럼 놓여 있는 경우가 많다.

❸
선입견을
버리고
집 안을
체크한다.

그러려면 이 서랍장을 비워야 해

예를 들어 얼마 전에 내 눈에 들어온 것이…

침실에는 침대만 있으면 좋겠는데…

흐음

맞다!

으음

그래도 침실에는 침대만 놓고 살고 싶은데…

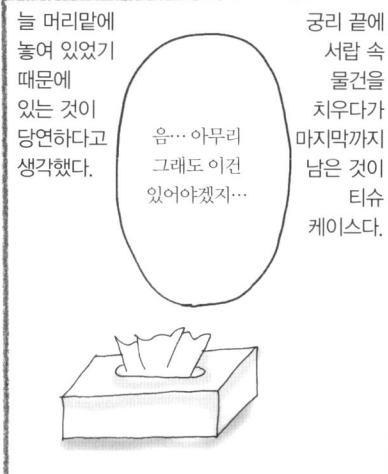

늘 머리맡에 놓여 있었기 때문에 있는 것이 당연하다고 생각했다.

음… 아무리 그래도 이건 있어야겠지…

궁리 끝에 서랍 속 물건을 치우다가 마지막까지 남은 것이 티슈 케이스다.

가끔 나도
후회할 때가
있다.

으악,
이를 어째!
그걸
버리는 게
아니었어!

라고
생각하려고
한다.

어떻게든
되겠지

언젠가는

그래도

아이디어를
짜는 것도
즐거운
작업이다.

후
후
후

다시 사는 건
분하니까
없이도
살아보려고
어떻게든
연구한다.

버리기 닌에게
닌험당하는 기분

절대로 실패를
두려워하지
않는다.

이거 없다고
죽는 것도
아니고,
좀 불편한
것뿐인데, 뭐

그리고
무엇보다
중요한 것은

❹
실패해도
"언젠가는!"
하고 생각하는
것이다.

20

불편을 즐길 수 있으면 좋겠어

편리한 물건은 가지고 있으면 거추장스럽다가 없으면 아… 그게 있었으면 좋았을걸, 하는 생각이 들 때가 있다. 하지만 순간의 불편을 이겨내면 어느 순간부터는 불편함도 사라진다.

그리고 대부분의 물건은 없이 살아도 사는 데 아무 지장이 없다.

가끔씩 떠오르는 기억을 두려워하지 말자!

대부분의 물건은 가지고 있었다는 기억조차 희미한 경우가 허다하지 않나?

아마도 이런 기억의 방해로 버리지 못하는 사람도 많겠지.

버리지 말았어야 해

이럴 때만 평소에 있지도 않은 배짱이 생기곤 한다.

버리기는 담력이고 배짱이다!

얄미울 만큼 의기양양한 얼굴로 말해보고 싶다

후회를 두려워하면 '아무것도 없는' 생활은 불가능하니까!

제 **2**화
물건은 무조건 다용도로!

우와, 대박!

실제로 보니 기대 이상이었다.

생각하자마자 인터넷으로 적당한 수납장을 검색해 구입.

이럴 때만 행동력 좋음

수납장 겸 의자 겸 나이드테이블

복수의 기능을 겸하고 있는 아이디어 제품!

바퀴가 달려 있어 어디든지 OK

이런 식으로 한 가지 제품이 다양한 역할을 수행하면 살림이 늘어나지 않는다.

자, 그럼 이런 다용도 물건들에 대해 소개하겠습니다.

지금은 남편이나 가족들이 작업실에 들어왔을 때 앉는 의자로 대활약.

욕실 청소용 세제

빨래통 + 빨래 삶는 통

어느 새 늘어나 있는 세제류.

노다 법랑의 대야

아름답다‥

엄마가 빨랫감을 담아놓을 바구니가 필요하대서 찾다가 한눈에 반해 구입.

어디에 놓아야 할지 난감한데

버리고 싶다…

그전에는 욕실 청소용 세제를 썼지만 놓을 데가 마땅치 않았다.

이거! 주세요!!

용도는 다르지만 빨래통으로 못 쓸 것도 없다는 생각에 바로 샀다.

그래서 내 눈이 머문 곳이 바로 샴푸(또는 바디샴푸)

곰팡이 제거제

매일 청소하는데 강력한 곰팡이 제거제가 꼭 필요한 건 아니잖아?

그런데 이것이 의외로 대박… 법랑이라 열을 가할 수 있어 행주나 수건을 삶을 때 매우 유용하다.

손도 거칠어지지 않고 너무 좋아!

샴푸를 아주 조금만 청소용 스프레이에 넣어서 닦아도 아무 문제 없음이 판명!

때나 제거가 어려운 물때가 끼기 전에 욕실 청소!!

아아, 정말 사길 잘했어

빨래를 넣거나 삶을 때 대활약.

스으 스으

24

그런데 오줌양이 많을 때는 신문지로 다 흡수가 되지 못해 발에 묻을 때가 있었다

야
~
옹

고양이 화장실에는 얼마 전까지 신문지를 깔고 그 위에 모래를 넣었다.

더러워지면 신문지째로 처분

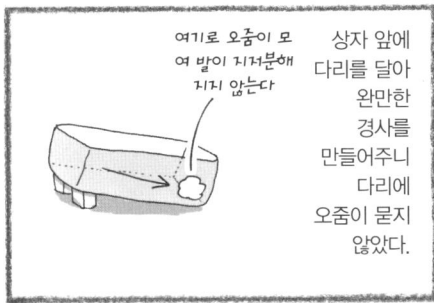

상자 앞에 다리를 달아 완만한 경사를 만들어주니 다리에 오줌이 묻지 않았다.

여기로 오줌이 모여 발이 지저분해지지 않는다

하지만 우리 집 고양이 두 마리는 모래마저 장난감처럼 가지고 논다.

입에 넣는다

돌돌

굴려가며 논다

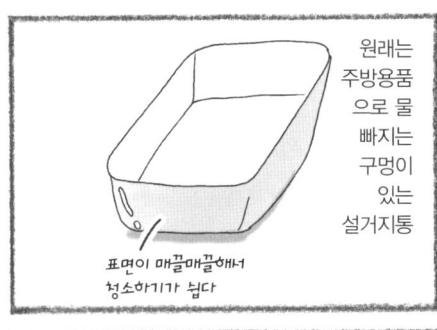

원래는 주방용품으로 물 빠지는 구멍이 있는 설거지통

표면이 매끌매끌해서 청소하기가 쉽다

모래 대신 다른 걸 쓸 수는 없을까?

맞아! 신문지!

시판용 고양이 화장실은 구조가 복잡해 청소가 어렵고 우리 집 고양이들은 벽을 향해 오줌을 싸는 경우도 없기 때문에 간단히 오리지널 화장실을 만들었다.

이거 좋네

신문지 위에 잘게 찢은 신문지를 넣으니 대성공!

뉘~!

오오, 잘 사용하고 있어!

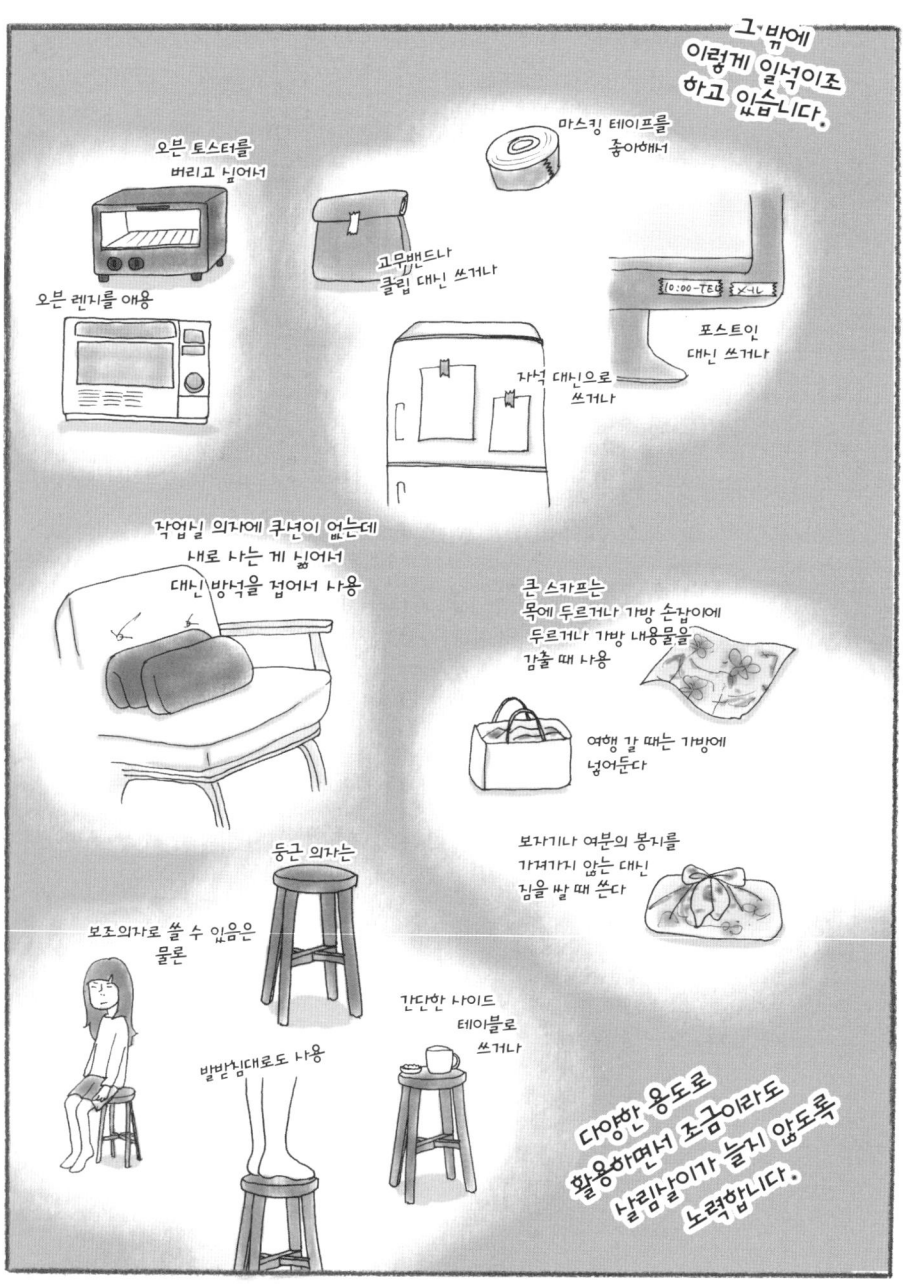

그 밖에 이렇게 일석이조 하고 있습니다.

마스킹 테이프를 좋아해서

오븐 토스터를 버리고 싶어서

오븐 렌지를 애용

고무밴드나 클립 대신 쓰거나

[0:00~TEC] メール

포스트인 대신 쓰거나

자석 대신으로 쓰거나

작업실 의자에 쿠션이 없는데 새로 사는 게 싫어서 대신 방석을 접어서 사용

큰 스카프는 목에 두르거나 가방 손잡이에 두르거나 가방 내용물을 감출 때 사용

여행 갈 때는 가방에 넣어둔다

보자기나 여분의 봉지를 가져가지 않는 대신 짐을 쌀 때 쓴다

둥근 의자는

보조의자로 쓸 수 있음은 물론

간단한 사이드 테이블로 쓰거나

발받침대로도 사용

다양한 용도로 활용하면서 조금이라도 날림살이가 늘지 않도록 노력합니다.

26

원래 나는 확실히
'○○전용'으로 나누는
것을 좋아하는 편이다.

이것은
○○용
○○!

이쪽은
○○용!

이렇게 가끔
실패할 때도
있지만 역시
다양한 시도를
해보는 게
좋다고
생각한다.

장점을 잘
모르겠는
데…

다양한 용도의 컵

금방 용도별로
갖추고 싶은
욕망이 생긴다.
그럴수록 살림은
늘어만 간다.

늘어나기 쉬운 바구니
나 수납용품들

반찬통이나
차통

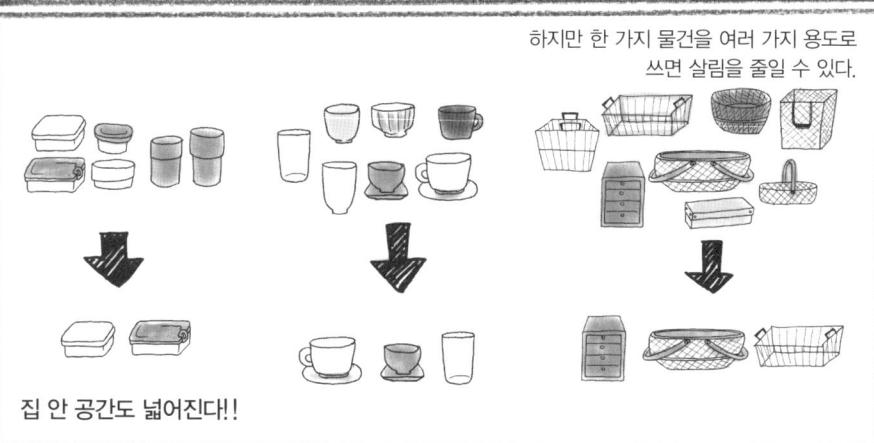

하지만 한 가지 물건을 여러 가지 용도로
쓰면 살림을 줄일 수 있다.

집 안 공간도 넓어진다!!

28

제 **3**화
권태기가 온 물건은
'감추기' 혹은 '손질하기'

열심히 손질한다!!

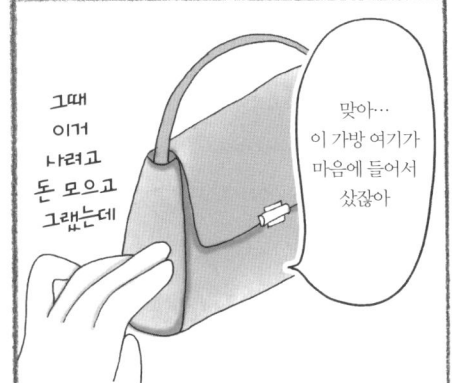

그때
이거
사려고
돈 모으고
그랬는데

맞아…
이 가방 여기가
마음에 들어서
샀잖아

정성스럽게 손질을 하다
보면 그 대상을 천천히
응시하게 되면서

올 풀린 부분 손질 &
보푸라기 제거

소품류 닦기

가방 모서리
부분 '오염' 제거

그렇게 생각한 물건을
소중히 여기는 마음은
정말 가치 있다고
생각합니다!

그런 물건은
앞으로도
소중히
여기게 된다.

다시
매료될
때가 있다.

역시 너무
좋아!!

꺄
악

34

제 **4**화
추억의 물건은 어떻게 하나?

나는 곧잘
이런 질문을
받는다.

추억이 깃든
물건은
어떻게
하세요?

버리기 힘든 물건 랭킹 상위를
차지하는 것
그것은 바로…

추억의 물건

반지
도…

원고도
버렸지

사진도 다
버리고

알아

저는
주저하지
않고
처분하는
편인데요

블로그를 통해서도
이렇게 질문받을
때가 있다!

점점
붉어나고
있어!

아이가
만들거나
그린 건 못
버리겠어
요!

앗!
몇 장이
모자라네…

허헨

평소에도 거의
사진을 찍지 않는다.
그 때문에 결혼식
때 틀 프로필 DVD
사진이 너무 없어서
곤란을 겪을
정도였다.

고민하면
다양한 방법이
나올 것도
같은데…

도저히 버릴 수 없는
물건은 남겨둔다

다른 것들은 사진으로
남긴 다음 처분한다

나에게는
아이가 없기
때문에 단정할
수는 없지만

죄송합
니다

버리기 아깝다고
보관해둔 물건에
먼지가 뽀얗게
쌓이는 것도
슬픈 일이다.

왜냐하면 옛날
우리 집이
그랬기 때문에…
어린 마음에 '이렇게
보관할 거면 버리는 게
나은 거 아닌가' 하는
생각을 자주 했다.

엄마…
먼지가…

정리되지 않은 추억의
물건을 담은 상자들

그저 옛날
일을 잘
떠올리지
않을 뿐이다.

나한테
화려한
과거가
있었던
것도
아니고

그렇다고
추억을
소중히
여기지 않는
것은 아니다.

정말?

하지만 점점 소유 물건이 줄어들면서 홀가분해지니 '추억의 영역'이 너무 버겁게 느껴졌다.

버리고 싶다…

추억의 물건들

버리기 대상

에리어 밖

이런 나도 옛날에는 추억의 물건들을 가지고 있었다. 버려야겠다고 생각해본 적조차 없었다.

아무튼 걸리적거린다는 생각이 든다면

답은 나와 있는 게 아닐까

추억의 물건이니까 간직해야 한다는 분위기가 버겁달까

일기
2003~
일기

가계부
가계부

근하 신년
연하장

이벤트 티켓

편지

에인

버리기 힘들지만…

상장
상장 & 상패

사진

선물

京都

白虎刀

여행지에서 산 기념품

그렇게 생각하자 마음이 훨씬 홀가분해져서 조금씩 버릴 수 있게 되었다.

38

버리기 병이 진행되면서 몇 년에 한 번 꺼낼 뿐인 졸업앨범이 계속 눈에 거슬렸다.

무겁다
무겁다
크다

졸업앨범 초등학교
졸업앨범 중학교
졸업앨범 고등학교
졸업앨범 대학교

그 가운데 가장 버리기 힘들었던 것은 졸업앨범이었다.

반짝임
아무건도 초등학교

내가 졸업 앨범을 열어보는 일이 있나?

애초에…

졸업앨범을 버리면서 한계점을 넘었을 때 상상 이상으로 기분이 좋았다.

파악

파악

그럴 일은 없을 것 같지만…

꼭 필요하면 친구 집에 가서 보면 되고 그것도 안 되면 학교에 가서 보면 돼

결론

이렇게 결론을 내렸다.

그 일을 계기로
추억의 물건들을
처분해나갔다.

중요한 것은
'현재' 그리고
'미래'

중요한 것은
'현재' 그리고
'미래'

부스럭

부스럭

우리 아빠의
본가는 바닷가
근처에
있었는데
쓰나미가 집
전체를 쓸고
갔다.

내가 어렸을 때
이혼해서
현재는 도쿄
거주 중

그런 와중에
동일본대지진이
일어났다.

조부모는 벌써 돌아가셔서
당시 그 집에는 삼촌 혼자만
살고 있었는데 다행히 일
때문에 집을 비워서
사고를 피할 수 있었다.

쓰나미에 전부 다 쓸려가버렸어

이번에 본가에 가면 할아버지 할머니 사진 몇 장 추려서 가지고 오려고 했는데

마이야, 아빠는 너무 후회가 되는구나

네?

도쿄에서 서둘러 귀향한 아빠와 만났을 때 일이다.

그때 내게 귀중한 사진 한 장이 있다는 사실이 떠올랐다.

…아

그랬군요…

왜 그전에 다녀갈 때 안 챙겼는지…

할아버지가 돌아가셨을 때 유품으로 받은 사진이다.

이건 내가 가져야지

젊었을 때 할아버지랑 어릴 때 아빠다!

하지만 나에게 활력을 주는 것만은 곁에 남겨두자

버렸다고 해서 추억마저 사라지는 것은 아니다

추억의 물건이라고 해서 뭐든 다 가지고 있을 수는 없다

과거를 돌아보면 아무래도 회환이 남기 마련.

아무리 들여다봐도 과거로는 못 돌아가는 거야

흠흠… 옛날에는 예뻤는데 말이야…

방치하면 늘어만 가고 버리기 어려운 물건들일수록 스스로 관리할 수 있는 범위를 잘 컨트롤하자.

앨범

미래

보면 용기가 생기고 내일을 위한 거름이 될 만한 것만 남겨두자.

항상 니 눈은 미래를 향해!

제 **5**화
더 버리고 싶다! 그럴 때는…
―한계점을 넘고 넘어―

버리기에 푹 빠진 여러분을 위한 팁입니다

지금부터 말씀드리는 것은

버리기에 빠지면 점점 그 증상이 심해지는데 그런 사람은 두 분류로 나뉜다.

B
더 쾌적하게 살기 위해 버리기 병이 가속되는 파

A
어느 정도 주변을 정리하고 그 상태에서 만족하면서 유지하는 파

우
와
와
와
와
와

버리고 싶드아아아~!!

물론 나는 후자에 속한다. 버리기의 쾌감에 깊이 빠져서 더 많은 쾌감을 위해 과격하리만치 줄이고 더 줄이고를 반복한다.

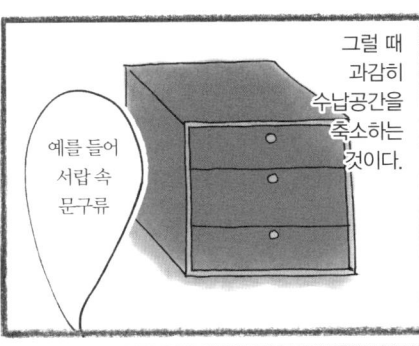

예를 들어 서랍 속 문구류

그럴 때 과감히 수납공간을 축소하는 것이다.

흠... 다 필요한데

그래서 평소처럼 버릴 것을 찾아봐도 좀처럼 살림이 줄지 않는다.

그 상태가 필요한 물품만 엄선된 상태.

지금은 첫 칸이 문구류이므로 그것들을 반 정도 되는 공간만 이용해 수납할 수 있는지 확인해본다.

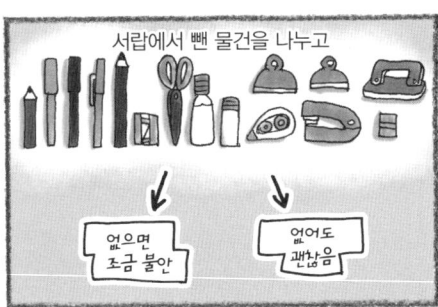

서랍에서 뺀 물건을 나누고

없으면 조금 불안

없어도 괜찮음

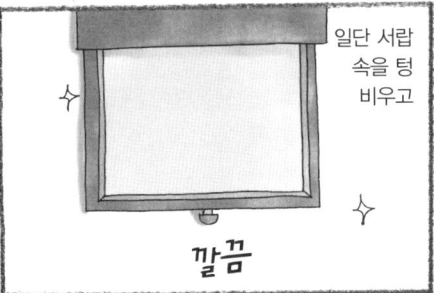

일단 서랍 속을 텅 비우고

깔끔

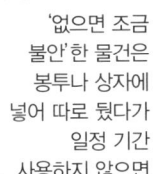

처분 대기

'없으면 조금 불안'한 물건은 봉투나 상자에 넣어 따로 뒀다가 일정 기간 사용하지 않으면 버린다.

소수정예의 문구류만!

● 매일 사용한다
● 매일은 아니지만 정기적으로 꼭 사용한다
● 없으면 반드시 다시 산다
● 다른 대용품이 없다

이런 기준으로 엄선한 것만 서랍 속에 다시 넣는다.

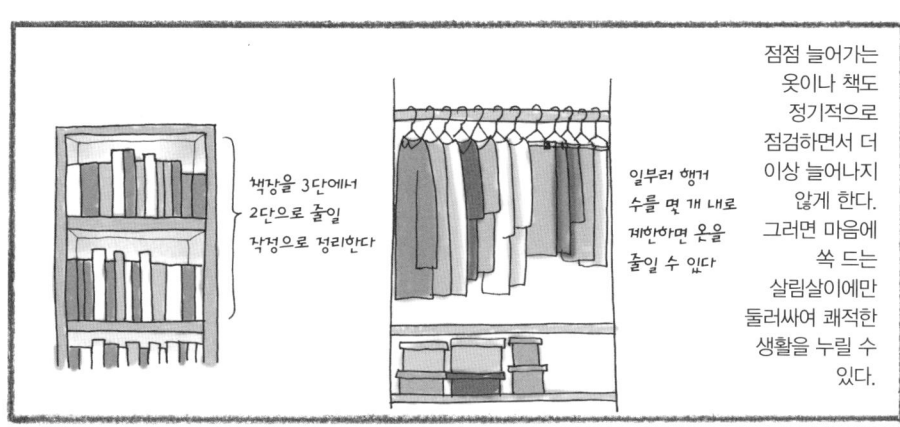

책장을 3단에서
2단으로 줄일
작정으로 정리한다

일부러 행거
수를 몇 개 내로
제한하면 옷을
줄일 수 있다

점점 늘어가는
옷이나 책도
정기적으로
점검하면서 더
이상 늘어나지
않게 한다.
그러면 마음에
쏙 드는
살림살이에만
둘러싸여 쾌적한
생활을 누릴 수
있다.

가방 속

분명
쓸모가
있어

이 방법
괜찮은데…

하고 무릎을
친 것이

사실 나는 집에는
짐이 얼마 없는데
비해 가방 속에는
의외로 이것저것
많아서 항상
가방이 무거웠다.

예전의 가방 속 물건들

어딜 가도
이만큼

지갑

화장품파우치

휴대용 거울

과자나 사탕
넣는 파우치

카드지갑

문고
책

열쇠지갑

휴대용
티슈

손수건

접이우산

명함케이스

휴대폰
충전기

패트병

반짇고리

수첩

메모장

노트

필통

스툴

아 아야 야

욱신

그런데 이렇게 가지고 다니다 보니 들고 다니기도 무겁고 어깨도 아프고 해서 가방 속 내용물을 줄이는 경량화 대책에 돌입했다.

가지고 다니는 물건이 많아서 큰 가방을 좋아하는지

커다란 가방을 좋아해서 물건을 많이 넣어 다니는지

나는 가방 중에서도 특히 큰 가방을 좋아한다.

가지고 있을 걸 하고 후회하지는 않을까?

밖에서 갑자기 필요해지면 어쩌지?

작은 가방과 작은 파우치를 준비해 거기에 들어가는 만큼만 가지고 다니기로 한 것이다.

양증맞음

걱정이 많았지만 일단 시도해보기로 했다.

꼭 필요하면 편의점이나

천냥마트 에서 사면 되지!

24h

48

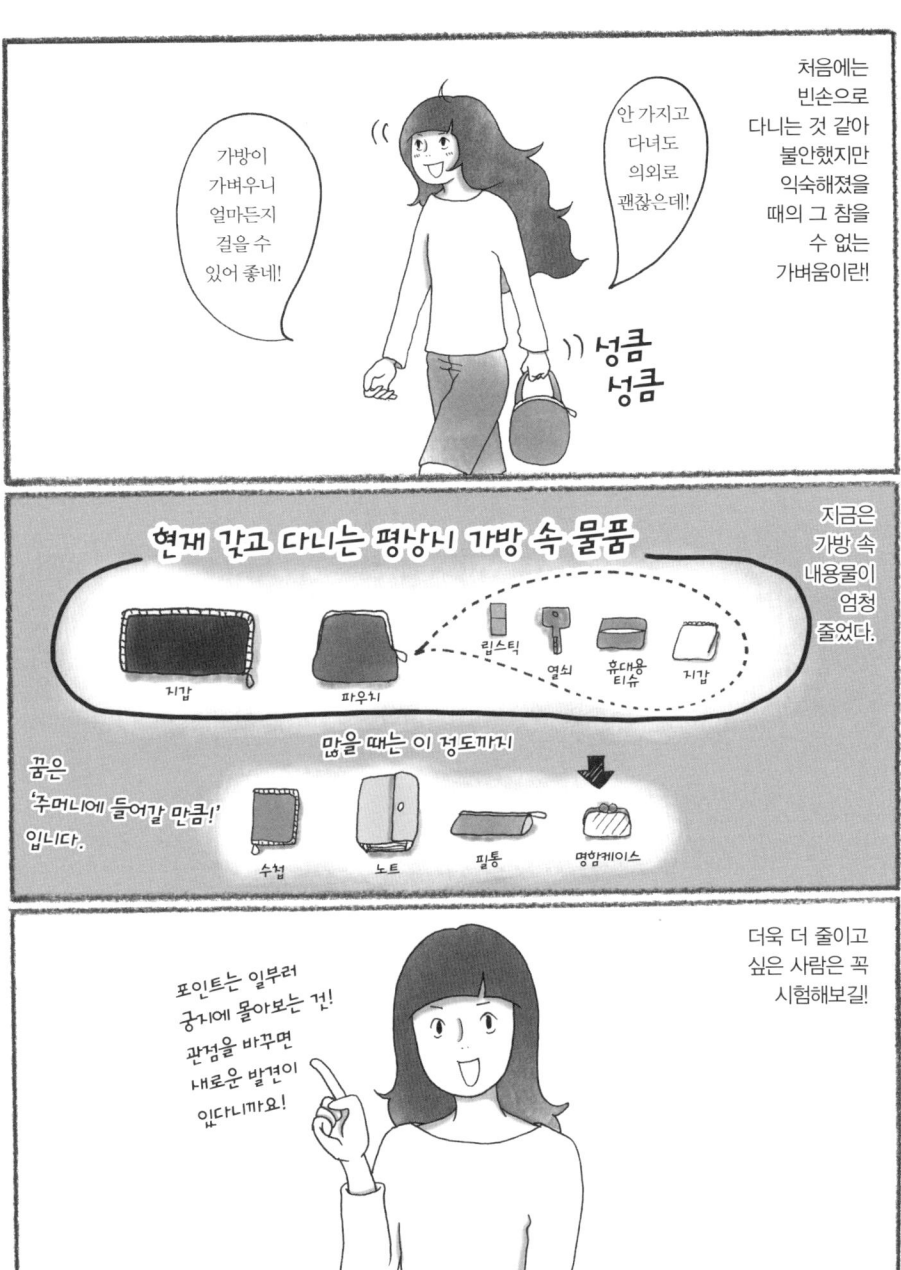

그래도 '소유물을 줄여 가볍게 살고 싶다'는 것이 제 인생의 모토라 '헉! 이건 아니지!' 하고 스스로 브레이크를 겁니다.

갖고 싶은 마음과 가볍게 살고 싶은 마음, 이 두 가지 모순되는 마음이 싸움을 벌일 때면 도대체 어떻게 하고 싶은 건가 고민에 빠지곤 합니다. 아무것도 없는 생활의 쾌적함을 맛보고 깊이 빠진 지금은 가능하면 가볍게 살려고 노력합니다만 저도 아직 멀었습니다.

언젠가 '가방과 신발은 딱 필요한 만큼만 있으면 돼'라고 생각할 날이 오기를 바랍니다만 안타깝게도 좀 시간이 걸릴 것 같습니다. 앞으로 어떤 계기로 어떤 생각을 해야 그 경지에 도달할 수 있을지 지금부터 기대가 됩니다.

그래도 버리지 못한 물건들
~모순되는 두 가지 마음~

"이것만큼은 절대 못 버려!" 싶은 물건에는 무엇이 있나요? 오랫동안 버리기를 거듭해왔지만, 그래도 버리지 못한 물건. 그것은 가방과 신발입니다. 소유한 것들 중에서도 특히 가장 높은 비중을 차지합니다.

어린 시절 가방을 엄청 좋아해서 갖고 다니면서 틈만 나면 여닫으며 놀았습니다. 그냥 보고 있기만 해도 흐뭇했으니까요. 그만큼 좋아하는 물건이다 보니 어른이 되어서도 버릇처럼 가방을 모으게 되었습니다.

신발은 어른이 돼서 좋아하게 됐습니다. 한 번에 신을 수 있는 건 한 켤레뿐인데 계속 사다 보니 어느 새 신발장이 새 신발로 꽉 찼습니다. (물론 내가 늘린 것이지만) 늘어난 가방과 신발을 볼 때마다 한숨이 나옵니다.

"어이어이, 나는 아무것도 없는 길을 추구하는 사람 아니었어?!" 하고 수없이 반성하고 또 반성했지만 다 마음에 드는 데다 손질하는 것조차 즐거워 자주 손질하면서 소중하게 신기 때문에 좀처럼 망가지지도 않습니다. 그래서 버리는 것은 생각조차 할 수 없습니다. "아아, 세상에 수없이 존재하는, 버리지 못해 고민하는 사람들도 분명 이런 기분일 거야" 하고 실감하기도 합니다.

스스로를 뭐든 결심이 서면 바로 버리는 인간이라고 생각해왔기 때문에, 이런 자신이 신선하게 느껴지기도 합니다. 그만큼 가방과 신발은 좀처럼 줄어들 기미를 보이지 않습니다. '일단 거리를 두기' 작전을 써도 다시 돌아오는 확률이 높아서 정말로 좋아한다는 게 실감납니다.

그 밖에 외투, 테이프 커터, 찻잔 세트 등 꽂히는 것들이 있으면 '아무것도 없는' 주의를 잊어버리고 맙니다.

주부의 무기,
가사의 숨은 비법이 여기에!

제 **6**화
계절에 따라 달라지는 버리기 사정

도저히 안 돼…

안 돼…

안 돼…

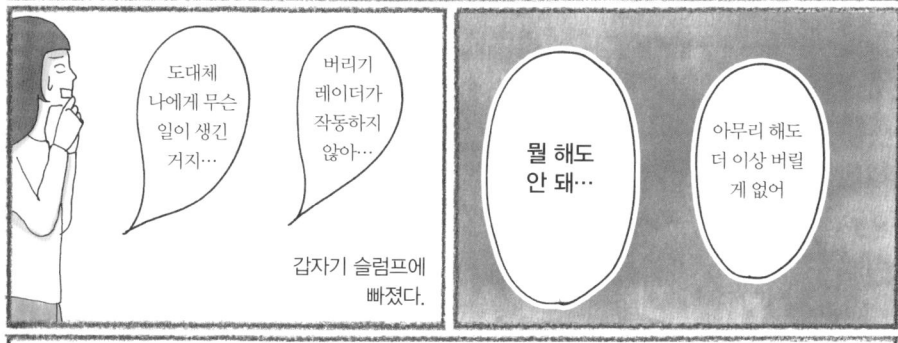

도대체 나에게 무슨 일이 생긴 거지…

버리기 레이더가 작동하지 않아…

갑자기 슬럼프에 빠졌다.

뭘 해도 안 돼…

아무리 해도 더 이상 버릴 게 없어

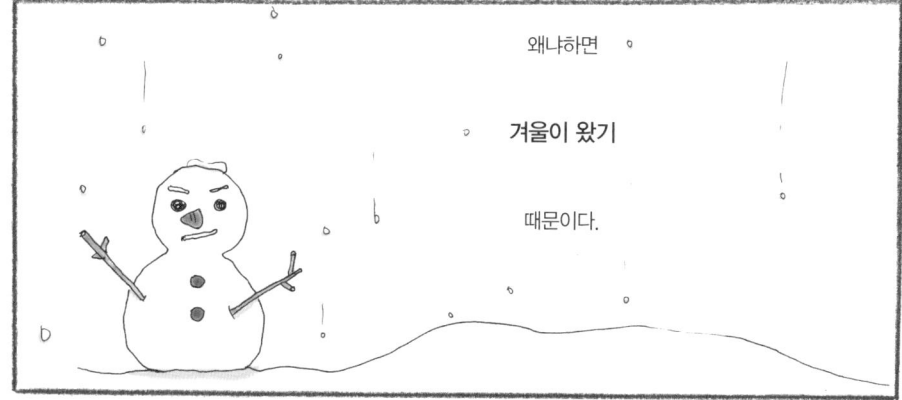

왜냐하면

겨울이 왔기

때문이다.

그래서 본능적으로 줄이는 것을 거부하는 거야

이 집은 너무 휑해서 더 썰렁하게 느껴지는 거지

그득

방 안에 놓인 물건이 많을수록 밀도가 높아 방이 따뜻하게 느껴지잖아?

일리 있네

마이도 보통 사람의 감성을 가지고 있었구나

빨래가 잘 마르지 않아 온 가진수가 늘어난다

겨울에는 나름대로 월동 준비를 해야 해서

살림이 늘어난다.

내가 살고 있는 센다이는 도호쿠 지방치고는 눈이 그렇게 많이 오진 않지만 그래도 춥다.

엄청 긍정적이
된다고나 할까,
대담해진다.

앞으로 계속
따뜻해질 테니
괜찮다니까

봄이 되면 벚꽃
전선이 오기도
전에 고타츠를
못 넣어
안달이고

괜찮아!

헉! 아직
추운데!!

겨우내 모아둔
옷이나 패브릭
제품들도
울분을
토해내듯
수납하거나
버린다.

오

오

오

오

오

우오오오오오오오오

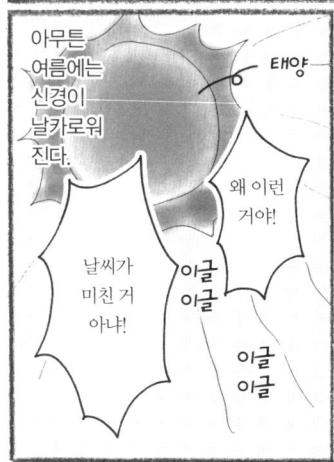

아무튼
여름에는
신경이
날카로워
진다.

태양

왜 이런
거야!

날씨가
미친 거
아냐!

이글
이글

이글
이글

여름에는 더
심각하다.

으으
더워…

하아

하아

시각적으로
조금이라도
시원해지고 싶어서
눈에 보이는 모든
것들을 버리고 싶어
안달한다.

헥   헥

지금이라면
뭐든지
버릴 수 있
을 건 같아

쓰레기봉투를
들고 왔다갔다

따뜻해지기
시작하면
호쾌하게
버리게
된다.

어떻게든
될 거야

없
어
도

낙천적

괜찮을
건 같아…

뭐가
있어
도

내향적 &
보수적

겨울에는
버리는 일에
신중해지지만

날 수
있어요

티녀츠
면 장으로

남쪽나라가
살짝 부럽기도
하다.

내가 남쪽나라에
살았다면 지금보다
훨씬 더 '아무것도
없이' 사는 삶에
충실했을지도 모른다.

제 **7** 화
스위치 전환 습관

비단 일뿐 아니라 학생이 공부를 하거나 자격시험을 준비할 때도 해당되는 말이다.

ON
OFF

집에서 일을 할 때 한 가지 문제는

온 오프의 전환

때로 악마로 변신해

차
간식
만화
고양이
낮잠
인터넷

열심히 하려는 우리를 유혹한다.

내 생각에 집에는 편안함을 주는 요정이 있는데

그런 유혹에 지지 않기 위해서 내가 택한 방법은 청소를 하는 것이다.

유일한 무기

감사의
마음을 담아
정성껏
손질한다.

금방
지저분해진
단 말이야

시간이 있을
때는 작업
도구를
손질한다.

고등학교 때
미술선생님께서
자주 이런
말씀을 하셨다.

도구를
소중히
관리하지
않는 사람은
실력이 절대
늘지 않아

도구를
닦고
손질해
봐

그림이 잘
안 그려질
때는

그렇
구나

더 이상 그림
실력이 떨어지지
않도록 열심히
닦고 손질했다.

쓱싹

쓱싹

제 **8** 화
수납 기술
'서랍 안도 깔끔하게'를 추구하는 이유

우선
일상용품
은 마음에
쏙 드는
것만
골라서

우후후
또 봐도
멋있단
말이야

대신
일상에서
묻어나는
생활의 때는
다음과 같은
방법으로
없앱니다

그것을 수납장
속에 디스플레이
하듯이
진열해놓는다.

수납장 속은
디스플레이하듯

방 안에는
아무것도 없다

이렇게 하면
방 안은 늘
아무것도
없는 상태를
유지하면서
장식의
즐거움도
느낄 수 있다.

문을 닫아두면 먼지도 안 들어가고
고양이의 장난도 피할 수 있다

청소하기 쉽다

이렇게 하기 시작한 것은
지금 사는 집으로 이사를
오고부터.
처음에는 살림을 줄이는
데만 온 신경을 집중했기
때문에 수납장 속은 그다지
신경 쓰지 않았다.

낭품 포장지 같은 건도 그냥 넣어두었기 때문에 백도 가지가지고 지저분했다

아참!
수납장 속은
완전
노마크였잖아

그런데

버릴 건도
거의 없고

여기서
다음
단계로
넘어가야
할 텐데…

이제
살림살이는
줄일 만큼
줄였고 어느
정도 안정이
된 거 같은데…

이렇게
생각하게
된 것이
계기였다.

좋아, 한번
해보자!

수납장 안도
깔끔해!
그럼 정말 좋을
것 같은데!

저건도
아냐

이건도
아냐

몇 번의
시행착오 끝에
조금씩 그
기술을
터득하게
되었다.

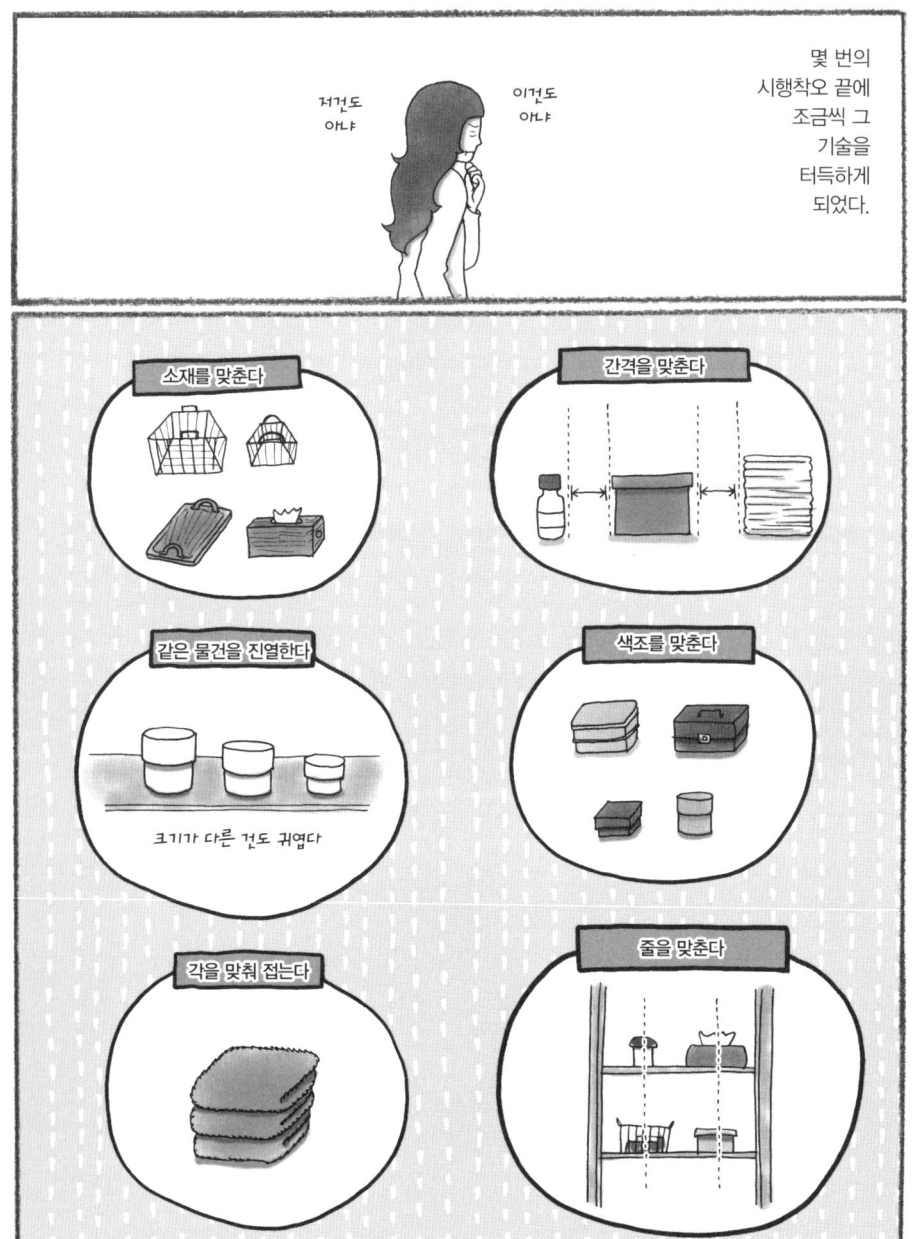

소재를 맞춘다

간격을 맞춘다

같은 물건을 진열한다

크기가 다른 건도 귀엽다

색조를 맞춘다

각을 맞춰 접는다

줄을 맞춘다

그렇기 때문에
일일이 꺼내야
하는 번거로움을
감내하고라도
가급적 '아무것도
없는 공간'을
추구한다.
꺼내놓지
말라고오오오오
어째서
북적북적
한 거야
24시간 내내 사용하는
것도 아닌데 밖에 나와
있는 걸 보면 참기가
힘들다. 산더미 같은
물건들 속에서 자란
반동인지 내 시야에
조금이라도
걸리적거리는 게 있으면
가슴이 답답해져 온다.

매일 쓰는
물건이라도
일단
수납한다.
찬장에
수납하는
주방가전
[전자레인지]
[전기포트]
[전기밥솥]
*전기밥솥은 압력밥솥이므로
밥을 지을 때는 찬장에서 꺼냄
[티슈]
[리모컨]
거실 수납장에
치약
[칫솔&치약]
세면대 선반에 수납
[접이식 테이블]
1층 복도 수납장에
[드라이어]
세면대 안에
[다리미 & 다림질판]
거의 매일 쓰고 그때마다
꺼내야 하지만 1층 복도
수납장에 수납
작업실은 나 혼자 귀찮으면 되니까 내 마음대로 수납
책상 위에 있는 건은 Mac과 스탠드램프뿐
[문구류]
펜 하나 남기지 않고 전부 수납
쓸 때만 꺼내면 어지를 일이 없다!
[프린터]
무겁지만 쓸 일이
있으면 수납상자에서
꺼내어 사용
[책]
읽다 만 책도
꺼내두지 않음
[전화기나 인터폰의 휴대 단말기]
책상 위에 놓으면 눈에 거슬리기
때문에 책상 밑 공간에 감춰둠

제 10 화
방재용품 업그레이드

'아무것도 없는' 생활을 추구해서 거의 살림살이가 없는 우리 집이지만 그에 비해 방재용품은 꽤 충실히 갖추고 있다.

특히 동일본대지진 때 곤란을 겪었던 식료품이나 일용품은 충분히 구비하고 있다.

*《우리 집엔 아무것도 없어》1권 참조

벽장 한구석에 방재용품 보관소를 만들었다.

재해가 난 뒤 임시로 아파트에서 살 때…

좋아, 여기로 하자!

비상용품

거기에
비상식량이나
피난에 필요한
것들을
쌓아두었다.

그런데

전부
유통기한이
지났잖아!

헉,
큰일났다

세세하게
방재용품을
체크하는
것도 쉽지
않았다.

유통기간은
괜찮은가?

벌레는 먹지 않나?

곰팡이는
슬지 않았나?

습도는 적당한가?

별로 먹고
싶은 생각도
안 들고…

물만 넣으면 OK!
닭고기비빔밥
아까미

이건 아직
괜찮은데
유통기한이
얼마 안
남았고

이러는 사이에 지금 사는
집이 완성되었다.
새 집에서는 현관 옆
수납장에 방재용품을
보관하려고 생각했는데
일단 이번 기회에
방재용품들을 다시 한 번
점검해보기로 했다.

비상용품
가방

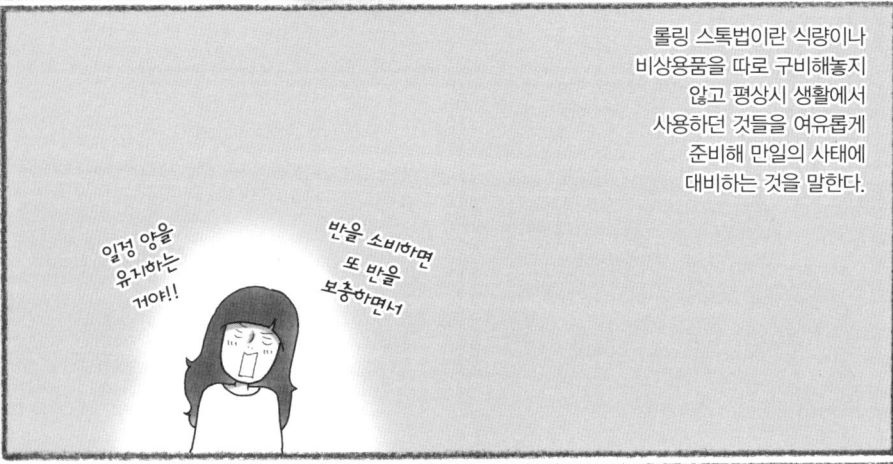

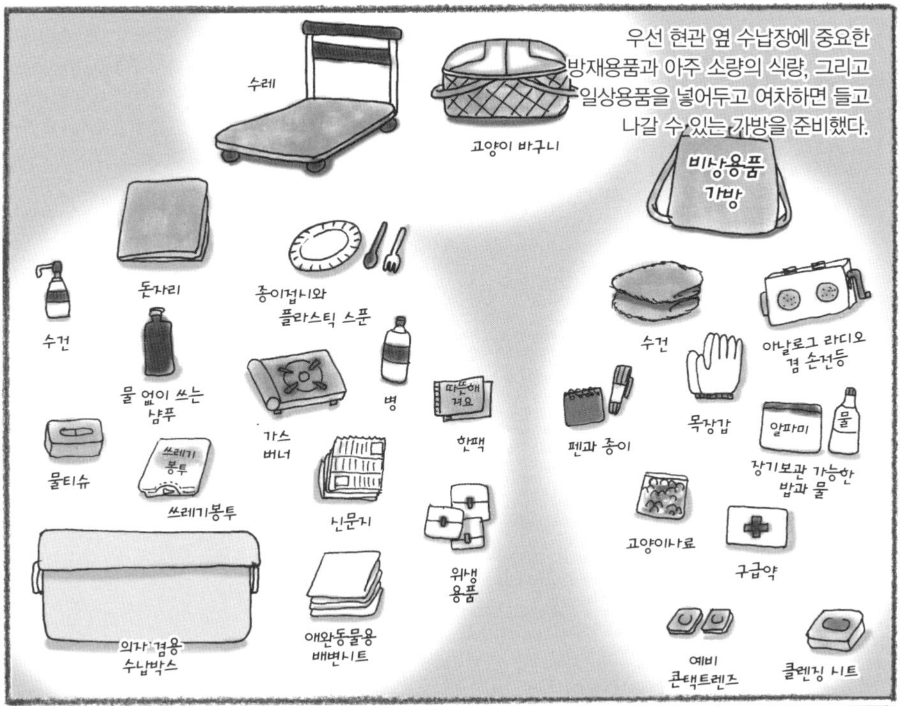

우선 현관 옆 수납장에 중요한 방재용품과 아주 소량의 식량, 그리고 일상용품을 넣어두고 여차하면 들고 나갈 수 있는 가방을 준비했다.

수레

고양이 바구니

비상용품 가방

수건

돗자리

종이접시와 플라스틱 스푼

수건

아날로그 라디오 겸 손전등

물 없이 쓰는 샴푸

병

따뜻해 져요

목장갑

가스 버너

한팩

펜과 종이

알파미

물티슈

쓰레기 봉투

쓰레기봉투

신문지

장기보관 가능한 밥과 물

위생 용품

고양이사료

구급약

의자겸용 수납박스

애완동물용 배변니트

예비 콘택트렌즈

클렌징 시트

그밖에 개인적으로 필요한 물품들도 충분히 구비

디펜드 팬티

우리 집은 할머니의 성인용 기저귀와

고양이사료가 필수!!

주방 찬장에는 식료품 재고, 거실 수납장에는 일용품 재고 준비

알루미늄 포일

랩

통조림

참치

닭고기

티슈케이스

레토르트식품

과자

카레

짜장

포카칩

초코

두루마리휴지

샴푸, 린스, 바디샴푸

스프

스프

세제

인스턴트라면

라면

라면

무슨 일이 있어도 떨어지지 않도록 보충해둔다!

그전에는
일상용품과
방재용품을
각각 나누어
관리했는데

어쩐지 굉장히
편해진 것 같아!

지금은 일상용품
재고가
방재용품을
겸하고 있기
때문에 관리가
매우 편해졌다.

내가 요즘
너무
게으르네…

너무
평화로운
건도
문제야

큰일났네…
휴지 나오는 거
잊어버렸어…

가끔 깜박하고 물품
보충을 잊어버릴
때도 있다.
그럴 때는 재해가
났을 당시를
떠올리며 반성한다.

가사라는 게 안 하면 점점 쌓이기 때문에 좀처럼 쉬고 싶어도 쉬지 못하는 법이지요. 게다가 꼼꼼하게 하려고 마음먹으면 좀처럼 끝이 보이지 않는다는 특징이 있습니다.

저는 청소나 정리를 좋아한다는 것밖에 내세울 것이 없어서 최대한 열심히 하려고 노력했습니다. 서툴러도 완벽하게 하려고 노력하는 것에서 즐거움을 느낍니다. 하지만 완벽함만 추구하다 보면 오래 가지 못합니다.

마음껏 청소를 할 수 있을 때도 있지만 일이 바빠 좀처럼 시간을 내지 못할 때도 있습니다. 그런 흐름을 무시하고 완벽만 추구하다 보면 벽에 부딪히고 말더군요. 그때그때 상황에 맞게 지치지 않을 만큼 적당히 적당히 열심히 하는 것, 완벽함보다는 지속성이 중요하다는 사실을 통감했습니다.

청소 노이로제 해소법
~ 나도 싫을 때가 있습니다 ~

"취미는 뭔가요?"라는 질문을 받을 때마다 늘 심사숙고할 정도로 제게는 딱히 특별한 취미가 없습니다. 아니, 있기는 한데, 다름 아닌 청소와 정리입니다. 정리할 때마다 머릿속에서 뭔가 나오는 것처럼 즐겁고 행복합니다. 제게는 위안의 시간이기도 합니다.

하지만 한때 청소하고 정리하는 게 이제 질렸나 걱정이 될 정도로 하기 싫을 때가 있었습니다. 일이 너무 바쁠 때였지요. 평소 같으면 하루 2시간은 청소나 정리에 할애했을 텐데 일에 쫓겨 그 시간을 낼 수가 없어 내내 갑갑했습니다.

바쁜 일을 끝내고 이제 시간이 좀 나는가 싶어 청소를 하려고 하니 청소가 하고 싶어 안달복달하던 마음이 거짓말처럼 사라지고 아무 의욕도 나지 않았습니다.

'어쩌지, 내가 청소를 안 하면 다시 옛날 집처럼 되는 거 아냐?!'라는 생각에 마음이 급해졌습니다. 그래도 좀처럼 의욕이 일지 않아, '하기 싫으면 할 수 없지'라는 결론을 내고 일단 그냥 쉬기로 했습니다.

하지만 완벽히 쉬어버리면 가족들이 불편해지니 매일 간단한 청소만 하기로 했습니다. '간단한 청소'는 평상시의 반도 안 되는 분량입니다.

답답하고 초조한 마음이 들었지만 일부러 쉬면서 자연스럽게 의욕이 생길 때까지 기다렸습니다. 그리고 '어떻게 하면 더 편하게 청소할 수 있을까?'를 궁리하기로 했습니다. 피곤할 때나 청소가 귀찮게 느껴질 때를 대비해 [청소 메뉴]와 [규칙]을 재정비하고 아이디어를 짰습니다. 그러자 단순한 저는 떠오른 아이디어를 시험해보고 싶은 마음이 들면서 다시 의욕이 살아났습니다.

누구 나의 이런
성격을 이해해줄
사람 없나요?

가족과 함께 할 수 있는 일

제 11 화
거부반응이 없어질 때

최근 우리 가족이 변했다.

응, 이제 필요 없어

응, 버려도 괜찮아

이거 버려도 돼?

아직 더 본다고 할라나?

있잖아

요리책

그건 아마도…

'아무것도 없이' 사는 생활에 거부반응이 없어진 것이다.

맥 빠 짐

요리책

아… 그래…

아마도 그럴 거야

'적은 물건으로 사는 데 불안을
느끼지 않게 되었기 때문'

아닐까?

이런 마음이 점점 물건들을 늘어나게 했다.

지금까지 수많은 물건에 둘러싸여 살아온 우리 가족들.

가지고 있으면 안심

가지고 있으면 편리

없으면 불안

이처럼 버리기를 망설이고 주저하는 경우가 많았다.

아직 필요없다고 단정 짓기에는 일러!

비록 그것이 불필요하다는 것을 알아도

언젠가 쓸 수 있을지도 몰라

버리려니 체력도 기력도 딸리니까 다음에 하자

버리기엔 너무 아까워

우리 가족은 깨달았는지도 모른다.

……

반강제적으로 끌려오면서

그러다가 한번 재난을 경험하고 나의 버리기 본능에 스파크가 일어

척

척

아아 또 저렇게 버리다니…

쓰다가
버릴게

깔끔

걸레로
만들어서

나는 이런
식으로 조금씩
조금씩 물건을
줄여나가고
있다.

포인트는
가족을
설득하는
것!!

제2의 길을
제시하면 보다
원만하게
가족들의
허락을 받을
수 있다.

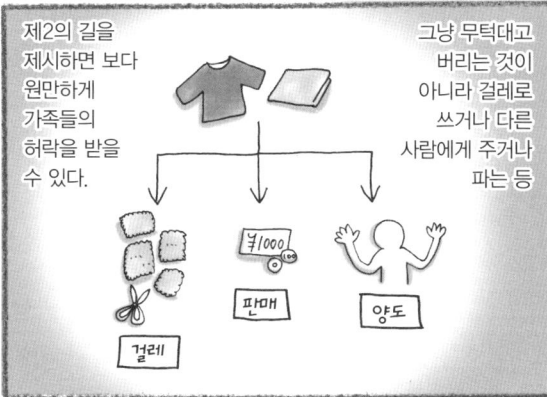

걸레

판매

양도

그냥 무턱대고
버리는 것이
아니라 걸레로
쓰거나 다른
사람에게 주거나
파는 등

가족이
싫어하면

바로
원상복귀.

다시
내놔!

역시 전에
쓰던 게
좋아!

알았어.
바로
가져올게

가족이라서 나도 모르게 강제적으로 끌고 가려는 마음이 들기 쉬운데

그렇게 하지 않으면 다음에 또 다른 도전을 할 때 소극적이 되기 때문이다.

제~발~

이제 싫어!

버리는 데서 오는 '없으면 곤란한 거 아냐?' 하는 불안감을 잘 해소해주는 것

이게 있으니까 괜찮다니까

이걸 버려도

A

B

그렇게 하면 가족들의 반발도 심해져 나중에 더 애를 먹는다.

옛날에 제가 그랬어요...

그리고 바꾸라고 닦달하지 않는 것이 중요하다.

내 맘대로는 절대 처분 안 해

만약에 불편하면 다시 원래대로 돌려놓을 테니까

무슨 이상한 영업 멘트 같기는 하지만... → 일단 한번 해보라니까

제 12화
정리정돈에 협조해주는 가족

하긴 처음에는 나 혼자만 열심히 정리정돈을 했다.
귀찮고 힘들다는 생각이 들 때도 있었지만 다 큰 어른을
지금부터 정리정돈 잘하는 사람으로 만들기에는 기력도 딸리고
싸우기도 싫어서 포기하고 혼자 모든 걸 다 했다.
하지만 지금은 옛날에 비하면 내 부담이 많이 줄었다.

정리가
생각보다
금방 끝난다

야!!

잘
모르겠
는데

……

어떻게?
비결이 뭐야?
뭘 한 건데?

음…

우리 가족을 조금
관찰해보기로 했다.

왜 그럴까?

식사가 끝나면 누가 먼저랄 것도 없이 정리를 시작한다. 보통 식탁 위의 80% 정도는 정리된다.

저녁 식사 후

식사가 끝난 후 뿐만 아니라 거실에서 뒹굴거리고 난 후에도 대부분 같이 치워준다.

뭐지

원인이?

남은 20%는 누구도 손을 대지 않는다.

이게 내가 할 부분

정리하지 않고 두는 게 뭔가 살펴보니 몇 가지 특징이 있었다.

❶ 어디다 둬야 하는지 모르는 것

수납장 깊은 안쪽

❷ 자기 자리가 확실히 정해지지 않은 것

최근에 새로 난 건들

❸ 자기 자리에 가져다 놓기가 귀찮은 것

높은 곳이나

낮은 곳 혹은 사용한 장소에서 멀리 떨어진 곳

즉, 간단히 정리할 수 있게 만들어주면 잘 도와준단 말이다.

역시나

우리 가족들은 기본적으로 귀찮은 일을 싫어해 어려운 건 안 해주지만 쉽게 정리할 수 있는 것들은 해주는구나!!

예를 들어 우리 집의 경우, 다 읽고 난 신문이 어질러져 있을 때가 많다. 그 이유는 신문지를 모아놓는 장소가

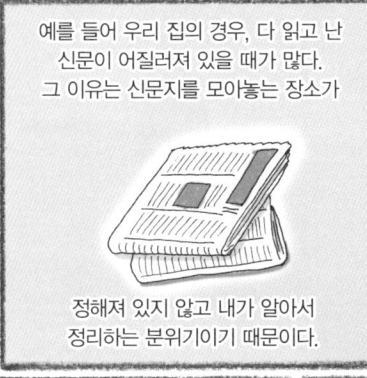

정해져 있지 않고 내가 알아서 정리하는 분위기이기 때문이다.

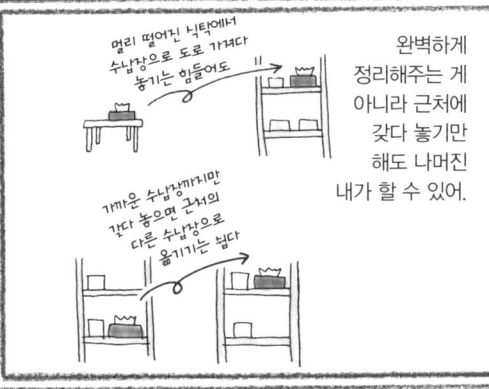

멀리 떨어진 낙탁에서 수납장으로 도로 가져다 놓는 힘들어도

가까운 수납장까지만 갖다 놓으면 근처의 다른 수납장으로 옮기기는 쉽다

완벽하게 정리해주는 게 아니라 근처에 갖다 놓기만 해도 나머진 내가 할 수 있어.

어떤 일이 떠올랐다.

아!! 이거 그거랑 비슷한 거 같은데…

빼곡

남편의 게임기도 제자리에 없을 때가 많다.

개인 공간에는 손을 대지 않기로 함

게임기 자리가 너무 좁아서 꼭 맞게 넣기가 힘들기 때문이다.

나중에 정리할게

눈에
띄니까!

그럼 어떻게
귀차니즘에
빠져 사는
가족들이
협조적이
되었냐 하면

강제는
아닌데?

왜?

막 이것저것 널려 있으면
눈에 띄지 않지만

몇 개 없으면 눈에 띈다

그러니까
뭐 하나라도 밖에 나와
있으면 엄청 눈에
띄어서 더럽히면 안
되겠다 하는 생각이
든단 말이지

생각해봐,
우리 집은
살림살이가
없잖아?

맞아
맞아

자기 자리가
어딘지 알면
치우기도 쉽고

흠…
그리고…

제 **13** 화
청소는 마음을 갈고 닦는 수련!?

나 같은 경우 기적 같은 특별한 계기도 없이 정신을 차리고 보니 이런 상태가 되어 있었다.

버리기
중증
환자

지침이 될 만한 걸 제대로 만났다면 이렇게까지는 되지 않았을 텐데…

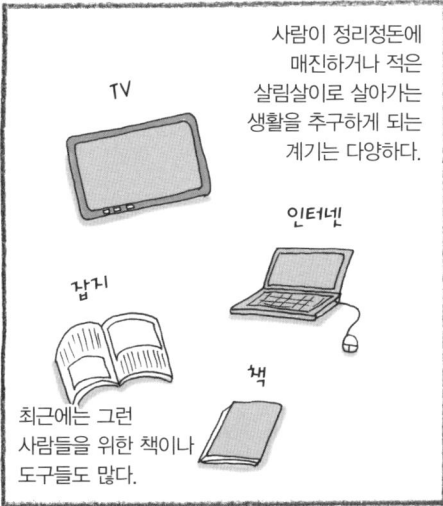

사람이 정리정돈에 매진하거나 적은 살림살이로 살아가는 생활을 추구하게 되는 계기는 다양하다.

TV

인터넷

잡지

책

최근에는 그런 사람들을 위한 책이나 도구들도 많다.

정리하지 않으면 위험하다는 생각이 들어…

뭐가 뭔지 잘 모르겠지만 이대로 가다간 큰일나겠어

아, 이건 아니야

생각해보면 고등학교에 다닐 무렵 갑자기 이런 생각이 들었다.

내 안에서 생명
또는 정신의
위기를 느꼈을지도
모른다.

헉 위험해!
나람 날려!!!

이건
아닌 거
같은
데…

헉!
이 정도
될 때까지
날림살이를
다 버렸나요?!

흠… 그 당시의
내가 지금 집을
본다면 헉 하고
뒷걸음질
칠지도

뭐?

잘했어!
지금은
힘들지만
앞으로
편해질
거야!!

그때 깨닫지 못
했으면 아직도
지저분한 집에서
살고 있을지도
몰라

아무튼
그 당시 나에게
'큰 깨달음을
얻었구나.
잘했어' 라고
말해주고 싶다

어쨌든 나는 가볍게
살고 싶다!
지저분한 집은 이제
절대 사절이다!
그 일념으로
겨우 도달한
'아무것도 없는' 생활

아무것도 없는
길

정리의
갈라파고스

거기에는
이념도,
신념도
없었다.

우리 집이
그렇게
정갈하다는
말인가?

선? 선이
뭐지?

당시 나는 선이라는
게 어떤 건지 잘
몰라서 어떤 느낌인지
알지 못했다.

이런 와중에
블로그를 읽은
어떤 분이
'선(禪)'이라는
단어를
거론했다.

선사처럼 느껴지네요.

선을 좋아하시나요?

그런데 이렇게
정돈된 공간에서
지내면서 조금씩
마음의 변화가
찾아왔다.

뭔지 잘
모르겠지
만…

…이게
뭐지…

제대로 된
삶을 살고
싶어!

이유는 잘
모르겠지만
바르고
깨끗하게
살고 싶어!

바로
'선'이라는
것에 흥미를
느끼고

맞아…
저번에 누가
'선'이 어쩌고
하지 않았나…?

막연하지만
맹렬하게
'제대로 된
삶'을 살고
싶다는
의욕이
불타올랐다.

제대로 된 삶이
구체적으로 어떤
건지 잘 표현하기는
어렵지만 아무튼
제대로 살고 싶다!

인터넷을 뒤져 조사해보았더니

● 청소는 마음을 갈고 닦는 수련

● 소유물을 덜어내어 행복해진다

이렇게 쓰여 있었다.

아하!

그랬
구나!

무의식중에
이걸
추구해온
거야!!

내 마음도
훨씬
편안해졌다.

부담감도
전보다
줄어들었다
(그런 기분이 든다)

그러고 보니
가족이
이전보다 더
싱글벙글 웃고
활기차게 사는
것 같아서

매일 아침
청소하고

가족을 위해
채소를 기르고

여행을 가서
친구를
사귀고

그저 집이 지저분한 게
싫고 부끄러웠기
때문에 깨끗한
공간으로 만들려고
노력했을 뿐이다.

처음부터 마음을
갈고 닦기 위해
청소하고 버리는
작업에 몰두한
것은 아니다.

'제대로 된 삶'을
살고 싶다고
생각하게 된 게
아닐까?

하지만 그 결과
마음이 점점
정화되고
단련되면서

제대로
된 삶

때문에 늘 신경을 씁니다. (그래도 잘 안 돼서 식구들을 화나게 하는 경우도 종종 있습니다.)

'식구니까 알아주겠지……' 하고 내 마음대로 하다가 가족들의 반대에 부딪혀 일이 더 꼬여서 좋은 결과를 이끌어내지 못한 적도 많습니다.

이 버리기 마녀는 '아무것도 없는 생활은 하루아침에 이루어지지 않는다'는 말을 가슴에 새기고 차근차근 하나하나 해나가는 수밖에 없다고 생각합니다.

충분히 생각하고 느긋하게 가족을 자극하지 않는 범위를 지켜가면서 아무것도 없는 길을 추구해가고자 합니다. 아직도 갈 길이 멀었으니까요.

가족의 허용 범위
~ 아무것도 없는 생활은 하루아침에 이루어지지 않는다 ~

증조할머니는 청소와 정리를 너무 좋아해서 집 안이 늘 반짝거렸다고 합니다. 결벽증 비슷한 증상도 있어 아침부터 밤까지 청소했다고 하니 저는 그런 증조할머니의 피를 물려받은 모양입니다. 짬만 나면 청소하고 버릴 것을 찾아다니니 말입니다. 하지만 평범한 수준의 청소 & 정리정돈 마니아라면 몰라도 '버리기 마녀'라고 자칭할 정도의 버리기 마니아라서 함께 사는 가족에게는 이만저만 민폐가 아닐 거라고 생각합니다. 다른 사람 얘기처럼 쓰고 있지만 진심으로 고맙다고 생각합니다. 이렇게까지 제멋대로 하게 놔두니 뭐라 표현할 말이 없습니다.

그래도 저 나름대로는 가족에게도 좋은 환경이 되도록 배려하고 궁리하면서 청소합니다. 우리 집이라고 마음대로 이것저것 손 댈 때가 많습니다만 아무리 저 하는 대로 내버려두는 가족이라도 '그건 하지 마!'라고 생각하는 부분이 분명히 있습니다. 즉 [가족의 허용 범위]를 정확히 인식하는 것이 중요하다고 생각합니다. 이를 위해서는 커뮤니케이션이 필수입니다.

예를 들어 가족에게도 좋을 거라고 생각하고 가구 배치를 바꿨는데 가족들이 "이건 좀……, 오히려 불편해"라고 할 때. 나름대로 가족을 위해 한 일이라 실망스럽더라도 꾹 참고 "지금까지는 이런 이유 때문에 불편한 것 같아서 바꾼 건데 그럼 어떻게 하는 게 좋을까?" 하고 의견을 묻습니다. 왜 그렇게 바꿨는지 이유를 설명하여 이해를 구하고 가족의 의견을 물어보면서 타협점을 찾아가는 것입니다.

고집을 부리지 말고 이해를 구하며 이행하려고 노력하는 것. 일견 당연해 보이는 이런 일이 의외로 원만하게 이루어지지 않아 부딪히는 경우가 많기

〈아무것도 없는 블로그〉 마이 씨의

정리 정돈 기술

| 특집 |

없어도

살 수 있는

살림도구들

〈아무것도 없는 블로그〉마이 씨의 **정리 정돈 기술 목차**

나의 정리 정돈 기술 2

의욕 상승 시간 배분 4

계절에 따라 바뀌는 버리기 사정 5

특집

없이도 살 수 있는 살림살이들 6

　　　～ 살림을 늘리지 않는 비법～

내가 버리지 못한 물건 8

우리 집에서 사라진 것들 10

없어도 할 수 있다! 청소도구 13

물건 수납 요령 14

즐거운 가구 배치 18

아무것도 없는 현관 20

빨래를 방에서 말리는 이유 22

매트를 깔지 않는 화장실 23

나의 애장품 24

묶고 엮는 즐거움 26

아무것도 없는 블로그 Q&A 28

나의 정리 정돈 기술

"소유물이 적으면 몸도 마음도 가벼워지는 기분이 들어 쾌감이 느껴져요!"

이 상쾌함이 병적으로 발전해 중증 버리기 병에 걸린 나. 그때부터 시작해 어느새 청소와 정리정돈 마니아가 되었습니다.

최근 들어 깨달은 것이 하나 있습니다. 이제 나에게 있어 청소는 집을 깨끗이 치우는 데 필요한 수단을 넘어 나의 마음을 정리하는 데 필요한 수단이라는 사실을.

마음을 다해 열정적으로 청소하고 싶은 마음이 든다고나 할까요?

대강해도 집이 치워지니 결과야 비슷하겠지만 끝내고 나서의 기분은 전혀 다릅니다.

버리기, 청소 그리고 정리정돈. 이것은 나에게 삶의 지혜를 가르쳐주었습니다.

● 살림을 줄이는 비결 ●

— '현재'의 나에게 필요한 건지를 묻는다

사람은 매일 성장합니다. 사고방식이나 좋아하는 것들도 조금씩 변합니다. 그러므로 지금 이것이 반드시 미래에 필요할지는 알 수 없습니다. 현재를 먼저 생각해야 합니다.

— '아깝다'는 이유를 대지 않는다

불필요한 물건을 아깝다고 보관해둔다고 해서 그것을 소중히 여기는 것은 아닙니다. 왜 버리게 됐는지를 고려하여 다음에는 같은 실수를 반복하지 않기로 하고 버립니다.

— 선입견을 버리고 집 안을 체크한다

집 안을 둘러보면 의외로 필요 없는 물건이 꽤 많습니다. 머리를 유연하게 만들어 평소와는 다른 각도에서 보면 불필요한 살림살이가 눈에 들어옵니다.

— 실패해도 '언젠가는!' 하고 가볍게 생각한다

인간인 이상 때로는 잘못 생각해서 필요한 것을 버릴 때가 있습니다. 하지만 생사가 걸린 문제가 아니라면 어떻게든 해결됩니다. 실패를 두려워할 필요는 없습니다.

● 버리기 위하여 ●

— 하나로 두 가지 역할을 추구한다

한 가지 용도밖에 없는 것들을 각각 갖추다 보면 살림살이가 늘어납니다. 다양한 용도로 활용할 수 있는 것들 몇 가지만 가지고 생활하는 것이 저의 꿈입니다.

— 거리를 둔다

버리려니 왠지 불안한 것은 일단 거리를 둡니다. 일정시간이 지나도 생활에 큰 문제가 없다면 필요 없는 물건입니다.

— 손질한다

샀을 당시의 쾌감과 기쁨이 사라진 물건은 정성을 들여 손질해봅니다. 그러면 좋아했을 당시의 추억이 떠오르고 다시 애착이 생길 때가 있습니다. 손질을 해도 아무 감흥이 없거나 손질조차 하기 싫은 물건은 바로 처분해도 괜찮습니다.

● 더 버리고 싶은 사람은 ●

— 일부러 수납공간을 줄인다

일부러 수납공간을 줄여보면 나에게 필요한 물건을 더욱 섬세하게 엄선할 수 있습니다. 제가 자주 쓰는 방법 중 하나입니다.

의욕 상승 시간 배분

즐겁게 생활하기 위해서는 사는 환경을 정비하는 것이 중요합니다.
하루 24시간 중에 반드시 청소나 정리정돈 시간을 갖습니다.

◎ 한가할 때   ◎ 바쁠 때

시각	한가할 때	바쁠 때
03:00		기상
04:00		일 — 이 시간에 일을 하면 집중력이 엄청남!!
05:00		
06:00	기상 — 일어나면 반드시 환기와 심호흡!	청소 & 정리정돈
07:00	아침식사 — 식구들이 모두 함께 먹습니다	아침식사
08:00		다림질 — 녹화한 TV 프로그램을 보면서 할 때도 있음
09:00	청소 & 정리정돈 — 기분 좋은 날은 기분 좋게 청소부터	
10:00	다림질 & 버리기	
11:00	휴식 — 버리는 시간은 위안의 시간 ♥	
12:00		일 — 쿠루리와 포케의 방해를 받으면서…
13:00		일
14:00		
15:00	일	
16:00		
17:00		
18:00	저녁식사	저녁식사 — 바쁠 때는 남편이나 엄마에게 부탁
19:00	목욕 — 독서시간으로 활용합니다	목욕
20:00		
21:00		일
22:00	어슬렁어슬렁 — 다음 날 기분 좋게 일어나기 위해 가볍게 정리정돈	취침
23:00		
24:00	취침	

계절에 따라 바뀌는 버리기 사정

계절이 바뀌는 것처럼 나의 버리기 사정도 변화무쌍합니다.

봄

버리기 태동기

점차 따뜻해져서
겨우내 조금씩 모아온 물건들을 버리고 싶어진다.

겨울에 썼던 물건들

푹신푹신한 건들은
고양이가 문질러대는
통에 금방 너덜너덜
해진다.

여름

버리기 부족기

보이는 족족 버리고 싶은 충동에 사로잡힌다.
대담한 버리기 한계점 넘기에 도전하는 것도 이 무렵.

아무것도 없는 바닥이
쾌적해서 매트는
전부 처분 대상

쓰지 않는 소파를
버린 건도 여름

가을

버리기 안정기

이즈음이 되면 버리기가 조금씩 잦아들면서
조금씩 겨울 준비를 시작한다.

깔끔한 매트

가을부터 초겨울까지
입는 외투

긴팔 내복

겨울

버리기 정체기

추위를 많이 타는 탓에 방한용품들이 늘어난다.
버리기도 이때는 정체된다.

남극에라도
갈 건처럼
두꺼운 코트

큰 눈에도 끄떡없는
털부츠

푹신푹신한 양말

푹신푹신한
슬리퍼

목을 따뜻하게
하는 건들

없어도 살 수 있는 살림살이들

~살림을 늘리지 않는 비법~

이 세상에는 좋은 물건들이 헤아릴 수 없이 많습니다.

적은 살림으로 살려고 마음먹었다가도 나도 모르게 이것저것 사대는 바람에 순식간에 살림이 늘어나 있는 경우가 종종 있습니다.

'아무것도 없이 살기'를 추구하는 나 또한 다르지 않습니다. 보통 사람 이상으로 물건에 대한 욕심이 있기 때문에 긴장을 늦추면 점점 늘어나는 살림살이를 감당하기 힘듭니다.

하지만 그대로 방치하다가는 내가 원하는 쾌적한 삶을 누릴 수 없기 때문에 나름의 규칙을 만들어 실천하고 있습니다. 여러분에게 참고가 되기를 바라며 소개해봅니다.

1. 하나를 사면 하나를 줄인다
2. 사기 전에 충분히 조사하고 스스로 납득한 물건만 산다
3. 정말에 마음에 쏙 드는 것이 나타나기 전까지 서두르지 않는다

이 규칙을 지키면서 가능한 한 적은 살림으로 생활하겠다고 늘 마음에 새깁니다.

물욕과 타협하면서 정도를 지키며 살고 싶으니까요.

①

하나를 사면 하나를 줄인다

하지만 아무리 노력해도 너무 좋아하는 아이템이라 줄이기 힘든 것(나의 경우 가방과 신발)은 줄이기를 포기하고 다른 것(나의 경우 옷)을 하나 줄입니다.

얄미운 녀석

......

그치만 좋아하는걸 ☆

뭐 어때?

②

사기 전에 충분히 조사하고 스스로 납득한 물건만 산다

사전 조사를 철저히 하지 않으면 사고 난 다음에 '에이 이걸로 살걸!' 하는 물건이 나타나 결국 두 개를 사는 난감한 경우도 있습니다.
그렇게 되지 않도록 사전에 철저히 조사합니다.

인터넷으로 조사한다

점원에게 묻는다

③

정말로 마음에 드는 것이 나타나기 전까지 서두르지 않는다

어정쩡하게 살림이 느는 걸 막으려면 가능한 한 타협하지 말고 정말로 마음에 드는 물건이 나타날 때까지 끈기를 가지고 기다립니다.

내가 원하는 꼭 맞는 물건과

딱 만날 수 있게 해주세요

다림질의 즐거움을 알게 해준
다리미판

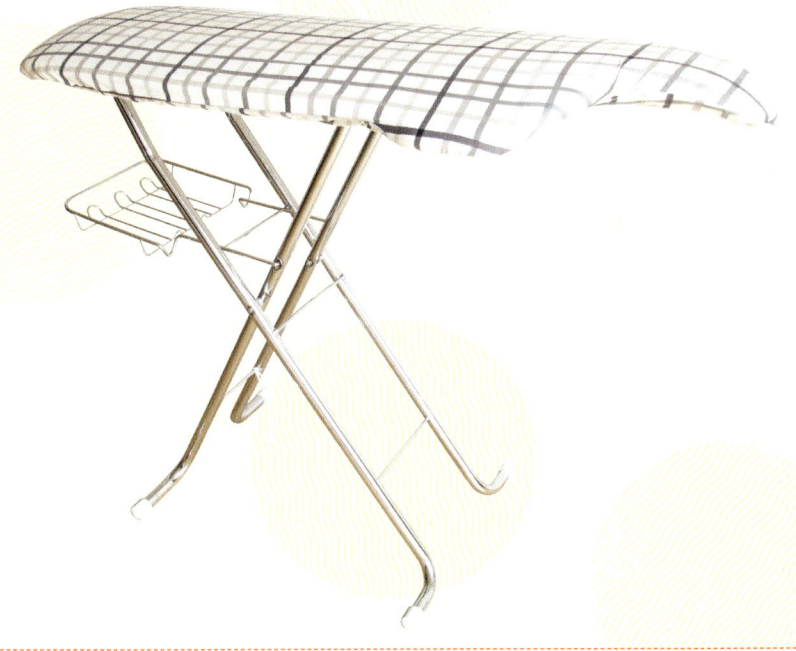

이 제품을 쓰기 전까지 나는 다림질을 그리 좋아하지 않았습니다.

좋아하는 셔츠를 입기 시작하고 다림질을 하는 횟수가 늘어나면서 조금씩 실력이 늘기

시작했지만 그래도 여전히 서툴렀습니다. 그때 만난 것이 다리미판이었습니다.

다림질에는 영 소질이 없는 나도 이것만 쓰면 훌륭한 다림질 기술자가 되는 것 같아 어느 샌가

다림질이 좋아졌습니다.

'아무것도 없는 생활'을 추구하는 나에게 다리미판은 필요 없다고 생각해서 없이 살아보려고도

했습니다만 역시나 버리지 못했습니다.

어디서나 예쁘게 다림질할 수 있게 될 때까지 소중하게 사용할 계획입니다.

뚜껑이 깨져버린
티포트

1권에서도 등장한 티포트입니다.

아끼고 아끼며 쓰고 있었는데 올 봄에 뚜껑이 깨지는 참사가 벌어졌습니다.

너무 충격을 받아 그 자리에 주저앉았습니다. "형상이 있는 것은 언젠가는 망가지고 깨지는 법이야. 그건 감내해야지" 하고 남편이 위로해줬습니다. 그때는 금장수리(도자기의 깨진 부분을 옻칠로 떼우고 그 부위를 따라 금으로 장식하는 전통 기법—옮긴이) 같은 것도 떠오르지 않아서 눈물을 머금고 뚜껑을 처분해버렸지만 티포트 본체는 처분할 수가 없었습니다.

평소라면 대담하게 본체도 버렸을 텐데 도저히 그럴 수가 없었습니다. 지금은 스틱 설탕을 담는 통으로 활용하고 있습니다. 나중에 화분으로 써도 멋있겠다고 생각하는 중입니다.

우리 집에서 사라진 것들

◎ 테이블과 좌식의자

그전에는 여름에도
좌식의자와 테이블이 있었습니다.

올 여름에는
의자와 테이블을
없애봤습니다.
앉을 때는
방석을 이용합니다.

◎ TV 받침대

벽걸이 TV로 바꾸고 TV 받침대를 철
거. 지금은 2층 방의 TV 받침대로 쓰고
있습니다.

◎ 고타츠

수납이 힘든 고정형 고타츠 대신
다리가 접히는 고타츠를 사용하고 있습니다.
쓰지 않을 때는 접어서 수납장에 수납.

◎ 사이드 테이블

나이트 테이블로 쓰던 선반도 내용물을
엄선하니 작은 상자로 해결되었습니다.
상자는 잘 때만 가져옵니다.

〈아무것도 없는 블로그〉 마이 씨의 정리 정돈 기술　11

◎ **수납장**

일반 수납장을
벤치형 수납장으로 바꿔
작업실을 더 넓게
사용하고 있습니다.

◎ **책상의자**

이전에는 고풍스러운
사장님 의자를 썼는데
고양이들을 위해 2인용
소파로 바꿨습니다.

최근에 청소도구를 간소화하려고 청소기 사용을 중단해보았습니다.

청소용 부직포로 걸레질만. 대걸레도 쓰지 않고 부직포로만 바닥의 먼지를 제거합니다.

도구를 간소화시키면 청소도 편해집니다.

매일 청소를 하면 특별한 청소도구는 필요 없습니다. 어린 시절 지저분한 집에

살 때는 온갖 청소도구가 갖춰져 있었습니다만, 지금은 거의 없습니다.

가족들이 버리기를 반대하기 때문에 아직 선반에 보관 중입니다.

버릴 수 있는 날이 올까……

작업실에 있는 벤치형 수납장에는
업무에 필요한 도구 일체와 책을 보관.

뭐든지 넣어두기를 좋아하는 저는 프린터마저 넣어두었습니다.

일할 때 듣는 DVD나 CD는
케이스에서 꺼내어 보관.

책은 프린터 아래 나무상자에.
읽다 만 책은 눕혀서 보관합니다.

밤이 되면 작업방에서
조명과 도구상자를 가지고 옵니다.

침실
용품

잘 때 머리맡에 없으면
불안한 것을 넣어둡니다.

화장품

집 안 어디에서나 화장할 수 있도록
들고 다니기 쉬운 화장품 상자.

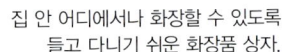

화장품은 꼭 필요한 최소한의 것만.
이 상자에 들어갈 수 있을 정도만 가지고 있습니다.

(상) 운반이 편한 반짇고리를 문구함으로 이용합니다.
(하) 이 책의 만화는 엄선한 세 종류의 펜으로 그렸습니다.

(상) 작업실 휴지통. 고양이가 노리는 걸 막기 위해 잘 열리지 않는 것으로 선택했습니다.
(하) 이 수납상자 속 내용물을 자주 바꾸는 것은 큰 즐거움 가운데 하나입니다.

작업실에서 일하다가 지겨우면 문구함을
들고 나와 거실에서 일을 하기도 합니다.

모아서 수납하면
어디서든
일을 할 수
있습니다

일하다 나오는
흩어지기 쉬운
종이나 메모들을
모아놓는 바구니

평상시 작업실 풍경.
벤치 수납장은
사이드 테이블로도
변신합니다.

즐거운 가구 배치

우리 집은 가구가 적어서 가구 배치를
바꿀 일이 거의 없으므로 대신 기분전환을
위해 수납장 속 배치를 바꿉니다.

고양이 용품이 들어 있는 수납장
공간이 엄청 간소해졌습니다.

세면장에 있는 수납장은 테마를
'화이트 법랑'으로 맞추었더니
이런 느낌이 되었습니다.

얼마 되지 않는 가구의 재배치.
식탁 위치를 바꾸는 것만으로도
인상이 달라집니다.
테이블을 이렇게 배치하니
좌식의자가 필요 없어졌습니다.

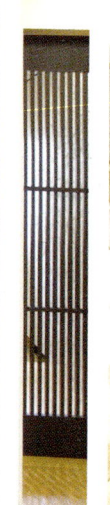

주방에 있는 수납 공간의 배치 바꾸기는
나에게 가장 즐거운 일입니다.
자주 바꾸며 소소한 재미를 느끼고 있습니다.

가족과 손님용 슬리퍼.

남편이 제안한 할머니를 위한 의자.
신발을 신을 때 편리합니다.

가족들 신발장. 내 신발은 내 작업실에 보관합니다.

아무리 바빠도 현관 입구는 늘 깨끗하게 닦아놓습니다.

(우)
청소도구와 남편의
아웃도어 용품을
보관한 수납장.
(좌)
매일 쓰는
현관 청소 도구.

빨래를 방에서 말리는 이유

(상)
간결한 디자인에 반해
구매한 이불용 빨래집게.
(하)
빨래통으로도 사용하는 법랑 대야.

(상) 핀치행거. 꽤 튼튼합니다.
(하) 벌레가 붙거나 외부 냄새 배는 게 싫어 빨래는 방에서
　　말립니다.
　　뽀송뽀송하게 말리기 위해 선풍기를 틀어놓습니다.

매트를 깔지 않는 화장실

(상)
화장실 청소용 솔 대신
일회용 장갑을 끼고
페이퍼타월로
변기를 닦습니다.
(하)
일회용 장갑을 보관한 용기.

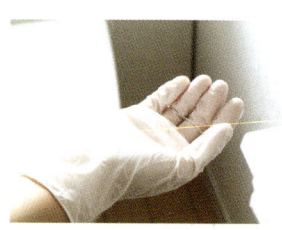

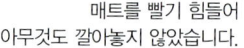

매트를 빨기 힘들어
아무것도 깔아놓지 않았습니다.

화장실 용품
수납은
심플하게.

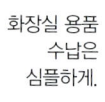

브로치

최근에 브로치를 자주 애용합니다. 특히 가죽이 매치된 브로치를 좋아합니다.

자기 재질의 소품상자

나뭇잎 모양이 귀여운 소품상자에 사슴모양 클립을 보관.

빈티지풍 셔츠

너무 좋아해서 자주 들르는 상점에서 산 옷.

인감세트

누빔자수 인감 케이스와 인주함. 쟁반에 받쳐서 세팅.

나의 애장품

'이왕 살 거라면 마음에 쏙 드는 것으로' 라는 모토로 엄선한
저의 애장품들을 소개합니다.

동전지갑

파란색과 빨간 머리 소녀 자수가 귀여운 동전지갑은 소품파우치로 사용.

테이프커터

한눈에 반한 테이프커터. 테이프커터가 있는데도 덥석 사고 말았지만 사길 잘했다!

손잡이 상자

핸드크림과 장갑을 보관하는 상자. 너무 작고 앙증맞아요.

슬리퍼

친구에게 선물로 받은 슬리퍼. 부드러워서 신고 있으면 기분이 좋아집니다.

쟁반

좀 무겁지만 계속 들여다보고 싶은 쟁반입니다. 모양도 맘에 들어 소중하게 사용하고 있습니다.

목공방의 커터칼

나무의 따뜻한 느낌이 살아 있는 칼을 찾다가 발견. 쥐었을 때 느낌도 좋고 사용하기도 편리합니다.

문구점의 동전지갑

색이 아름다운 동전지갑을 명함집으로 사용하고 있습니다. 도토리가 달린 줄도 귀엽습니다.

탁상등

고양이가 발로 차도 넘어지지 않는 조명을 찾다가 발견한 아이템. 세부 디자인까지 아름답습니다.

티슈케이스

선물로 받은 티슈케이스. 손잡이가 멋스러운 디자인입니다.

모기향 받침대

모기향 받침대와 성냥. 손잡이 달린 쟁반에 놓고 사용합니다. 이 배치가 너무 좋아요.

필통

형상이 독특한 필통. 연필꽂이 역할도 하기 때문에 밖에서 쓰기에도 편리합니다.

가위

잘 잘리기로 유명한 가위. 정말로 잘 잘리고 사용도 편리합니다. 디자인도 발군이죠.

묶고 엮는 즐거움

여기에 뿔뿔이 흩어지기 쉬운 행주가 몇 장 있다고 생각해봅시다.

열심히 예쁘게 접어놨는데 자칫 잘못 건드리면 모두 다시 접어야 하는 불상사가 생기기도 합니다. 이런 일들이 생활의 소소한 스트레스가 되기 때문에 가급적 이런 일이 일어나지 않도록 사전에 방지하려고 노력합니다.

고무 밴드를 써도 상관없지만 저 같은 경우에는 끈을 이용해 살짝 멋스러움을 더합니다.

가게에서 물건을 포장해줄 때 가끔씩 볼 수 있는 마끈이나 튼튼한 가죽끈으로 묶어두면 훨씬 멋스럽습니다. 온전히 자기만족을 위한 행위지만 일상의 소소한 즐거움을 느끼게 해줍니다.

행주는 몇 장씩 마끈으로
묶어 보관합니다.

비닐봉투도 상자에서 꺼내
끈으로 묶어 놓습니다.

뚜껑이 열리기 쉬운 상자는
인조가죽끈으로 묶어둡니다.

우리 집에서는 비닐봉투처럼 상자째 수납하면 공간을 차지하는 물건들은 상자에서 꺼내서 보관하고
있습니다.

그럴 때도 흩어지지 않도록 끈으로 묶어서 수납합니다.

보통은 아무 생각 없이 사용하는 일상용품들입니다.

아무 생각도 없이 쓰던 이런 물건들에 살짝 연출을 더하면 평상시와는 다른 느낌을 받을 수 있습니다.

이런 일상용품이 눈에 들어오면 신선한 기분이 들 때도 있습니다.

우리 집은 거의 장식물이 없기 때문에 이런 식으로 일상의 소소한 즐거움을 맛본답니다.

아무것도
없는
블로그
Q&A 코너

Q 공기청정기, 제습기, 가습기, 미용가전 등을 사용하시나요?

A 사용하지 않습니다. 미용가전이라기보다 건강가전(?)에 가까운 다리마사지기는 가지고 있습니다. 바쁠 때 작업실에 갇혀서 살다보면 다리가 엄청나게 붓기 때문에 몇 달 전에 할 수 없이 구입했습니다. 작업실 책상 밑에 두고 사용합니다. 제습기는 구매를 고려 중입니다만, 청소할 때 걸리적거리지 않는다든가, 디자인이 마음에 든다든가 하는 조건을 만족시키는 제품을 발견하지 못해서 아직 없습니다.

Q 집 안 냄새 제거는 어떤 방법으로 하고 있나요?

A 냄새의 원인을 제거하기 위해 노력하며 소취제는 사용하지 않습니다. 놓아두면 고양이 장난감이 되기 쉽고 일일이 사는 것도 귀찮은 데다 또 버리고 싶어질까 봐 그냥 구석구석 청소를 열심히 해서 나쁜 냄새가 배지 않도록 노력하고 있습니다. 커튼도 한 달에 한 번 정도 빨면 냄새가 나지 않습니다. 살다 보면 자기 집 냄새는 모르고 살게 되니까요.

Q 쇼핑은 온라인파? 오프라인파?

A 잡화류는 인터넷쇼핑을 주로 하고 옷은 가게에서 실물을 보고 구입합니다. 집 근처 가게에서는 내가 갖고 싶은 물건들을 구하기 힘들기 때문입니다.

아직 면허증을 따지 못했기 때문에 혼자 움직이는 행동범위에 제약이 있어 웬만하면 인터넷에서 구입합니다. 실패한 적도 있지만 수업료라고 생각합니다.

Q 추억의 물건은 어떻게 하고 있나요?(여행지 티켓, 앨범 등)

A 그냥 다 버립니다. 티켓을 버렸다고 해서 그때의 기억마저 버려지는 것은 아니라고 생각합니다. 졸업앨범을 버렸을 때는 모든 나쁜 기억도 함께 날려버렸습니다. 늘 지금 이 시간이 가장 즐겁다고 생각하면서 살고 싶어 과거를 회상하는 일이 별로 없는지도 모르겠습니다. 아직 아이가 없기 때문에 '아이의 성장을 돌아보게 해주는 물건들'의 위력이 얼마나 클지는 모르겠습니다만 만약 내가 부모가 된다면 버리고 싶은 충동과 갈등하겠다는 생각은 듭니다.

Q 냉장고 속을 좀 보여주세요.

A 이건 좀 보류해주세요. 이런 질문을 자주 받는데 저는 가급적 냉장고 속은 보여드리지 않고 있습니다. 어떤 연유인지는 모르겠지만. 어쩌면 제가 냉장고에 흥미가 없기 때문인지도 모르겠습니다. 저는 가사 중에 슈퍼에 장을 보러 가는 일을 제일 싫어하기 때문에 남편이나 엄마에게 오는 길에 장 좀 봐오라고 부탁하는 경우가 많습니다. 그러면 자주 '이게 뭐지?'하는 것을 사가지고 올 때가 있습니다. 각자가 먹고 싶은 것을 사온 경우라면 그나마 괜찮은데 '그냥 신기해서 사왔다'며 정체불명의 조미료나 이상한 모양의 과자를 들고 들어와서는 그대로 방치되는 경우가 종종 있습니다. 이것저것 들어 있는 냉장고 안을 들여다보고 있으면 살짝 짜증이 나곤 하기 때문에 냉장고는 나의 정리 범위에 넣지 않고 있습니다. 내가 장을 보러 가면 될 일이지만 자꾸만 가족들에게 부탁을 하게 되네요.

Q 부적 같은 물건들은 어떻게 처리하나요?

A 부적은 신사에 그냥 놓고 옵니다. 질문하신 분이 외국에 사시는 것 같아 참고가 될 것 같

지는 않습니다만…… 오미쿠지(신사 등에서 길흉을 점치기 위해 뽑는 제비—옮긴이)도 경품이 없는 것으로 합니다. 왜 그런 거 있잖아요? 오미쿠지 경품이라면서 지갑에 들어가는 사이즈의 도깨비방망이 같은 걸 주죠. 그런 것들은 며칠 지나면 바로 버리고 싶은 마음이 들기 때문에 아예 받아 오지 않습니다.

Q 난방은 온풍기만으로 하고 있나요? 바닥에 보일러는 깔았나요?

A 난방은 온풍기로만 커버하고 있습니다. 아, 1층 거실에는 고타츠를 사용하고 바닥에 보일러는 깔지 않았습니다. 의외로 그렇게 춥지 않습니다. 우리 가족들은 추위에 꽤 강한 편이거든요.

Q 다이렉트 메일, 명세서, 읽다 만 책, 카탈로그 등은 어떻게 하나요?

A 버릴 건 바로 버리고 그 외의 것은 일단 정해진 장소에 보관합니다. DM 같은 것은 모아둘 필요가 없기 때문에 읽으면 바로 버립니다. 명세서처럼 일정기간 보관해야 하는 것들은 매일 열어야 하는 수납장 문 안쪽에 투명한 주머니를 붙여두고 그 안에 보관합니다. 그러면 수납장을 열 때마다 눈에 보이기 때문에 잊어버릴 일이 없습니다. 그러면 방 안을 어지럽힐 일도 없지요. 벽에 붙여둔 적도 있습니다만 눈에는 보이는데 그냥 스치기만 할 뿐 머릿속에는 들어오지 않아 지금의 장소로 바꾸었습니다. 방 안만 복잡해지고요.(← 이 느낌이 제대로 전달되었나요?) 읽다 만 책은 읽고 싶을 때 수납장에서 꺼내 읽고 독서 타임이 지나면 다시 수납장에 넣어 놓습니다. 보이는 곳에는 읽다 만 책을 임시로 놓아두는 곳을 만들지 않았습니다. 눈에 보이는 곳에 두면 지금 당장 읽고 빨리 정리해야지! 하는 중압감이 생겨 숨겨두고 있습니다.

Q 옷은 옷방에서 갈아입나요?

A 기본적으로는 옷방에서 갈아입습니다. 하지만 추울 때는 침실 온풍기 앞에서 갈아입기도

합니다. 거실에서 옷을 갈아입으면 거실에 옷을 놔둬야 해서 곤란하다고 하는 사람도 있는데, 옷을 갈아입자마자 벗은 옷을 옷방에 넣어두면 괜찮지 않나요? 번번이 귀찮기는 해도 쌓인 옷을 한꺼번에 정리하는 것보다는 조금씩 정리하는 게 훨씬 편하기 때문에 그렇게 하고 있습니다.

Q 작업실, 거실, 침실 외에 마이 씨의 개인 공간이 있나요?

A 이것 말고 저의 개인 공간은 없습니다. 저의 개인 물건을 놓아두는 방은 작업실과 옷방으로, 블로그에서 공개한 것들이 전부입니다.

Q 매일 해야 하는 일들은 어떤 식으로 하고 있나요?

A 일단 어질러진 물건들을 정리하는 일부터 시작합니다. 제일 손대기 쉬운 것부터 제자리에 다시 가져다 놓습니다. 그게 끝나면 세탁기를 돌리고 화장실 청소, 현관 청소, 집 전체 수납장 먼지를 털어내고 청소용 부직포로 바닥을 청소합니다. 시간이 있으면 바닥 걸레질을 합니다.

여기까지 끝나면 보통 빨래가 다 끝나므로 빨래를 널거나 다림질을 합니다.

바빠서 정신적으로 여유가 없을 때는 조금 다릅니다. 진짜 여유가 없을 때는 해야 되는 가사 때문에 뇌가 패닉 상태에 빠져 엄청 짜증이 나기도 합니다. 그럴 때는 아무것도 생각하지 않고 가장 마음에 걸리는 일부터 시작합니다. 그리고 마음속으로 '하다 보면 언젠가는 반드시 끝난다'고 반복합니다. 그렇게 가사에 매진하는 사이에 어느새 우선순위가 높은 가사부터 조금씩 끝나기 때문에 다시 냉정(웃음)을 찾을 수 있습니다.

청소가 끝난 뒤
마시는 주스는
최고지.

<아무건도 없는 블로그> 마이 씨의
정리 정돈 기술

맨 뒤 페이지부터 봐주세요!